新版
農薬の科学

宮川　恒
田村廣人
浅見忠男
[編著]

元場一彦
松田一彦
中川好秋
三芳秀人
清水　力
河合　清
池内利祐
[著]

朝倉書店

執筆者

宮川　　恒*	京都大学大学院農学研究科
元場一彦	日本農薬株式会社
松田一彦	近畿大学農学部
中川好秋	京都大学大学院農学研究科
田村廣人*	名城大学農学部
三芳秀人	京都大学大学院農学研究科
清水　　力	クミアイ化学工業株式会社
河合　　清	クミアイ化学工業株式会社
池内利祐	クミアイ化学工業株式会社
浅見忠男*	東京大学大学院農学生命科学研究科

（執筆順，*は編著者）

まえがき

　生命体の活動を支えているのは外部から供給されるエネルギーである．植物では主として光エネルギーであり，動物では光エネルギーにより生産された物質的エネルギーである．我々人類も狩猟採集により獲得した物質的エネルギーを食として体内に取り入れ，生存範囲を広げることでその数を増加させてきた．この状況を大きく変化させたのが人為的な食料生産行為である農業である．農業という食料の大量生産システムの開始により，人口が増え，社会制度が整い，そして文明が誕生した．しかし初期の農業生産は気候変動や環境変化に対して脆弱であり，時として文明の興隆に大きな影響を及ぼした．メソポタミア文明は小麦の高い生産性を前提として成立していたが，環境の変化によりその隆盛は失われ，現在では廃墟としてその姿をとどめているにすぎない．食料となる作物の生産性は自らの生命維持と密接な関係をもつために，安定した生産システムの構築は人類の悲願となり，作物や栽培方法の改良，灌漑施設や輸送・保存方法の開発が行われてきた．しかし，人力で取り除くことができない害虫や病害から作物を守ることはできないままに近世を迎えていた．この状況を変え食料の安定供給を可能にし，人口の増加をもたらしたもののひとつが農薬である．農業の開始以来の画期的な技術進歩であり，現在では農薬を使わずに人類の活動を維持発展することは実質的に不可能な状況となっている．これが負の側面のみが喧伝される中で現在も農薬が使用されている理由である．

　本書は主に大学で学ぶ生命科学系の学生に農薬を正しく理解してもらうことを目指して出版された『農薬の科学―生物制御と植物保護』(2004)の改訂版である．前書から15年を経て編集者・執筆者が交代し，内容も新しい知見を加えながら大きく改めた．しかし農薬を科学的に扱うというコンセプトは変わっていない．本書の核となっているのは，「農薬がどのようなメカニズムでその効果を発揮するのか」という問いに対する答えの探求である．読者には，農薬が防除の手段としてのみではなく，生体の機能を制御できる分子としてとらえられていることにぜひ興味をもってほしい．

　本書の執筆者はいずれも学生の頃に，分子生物学の勃興と相まって活性発現のメカニズムがわからなかった農薬のターゲットや抵抗性のメカニズムが次々と明らかになり，生物の生理機能に基づいた化合物の論理的な分子設計が可能になる予感に興奮を覚えた世代である．農薬をめぐる科学はその後さまざま大いに発展し，作用部位と作用の発現メカニズム，生物間の選択性のメカニズムが，分子レベルで明らかにされた．特にタン

まえがき

パク質の構造解析に関する進歩は著しく、薬剤分子と受容体との間の相互作用に関する想像が実際にビジュアルとしてとらえられるようになったことには、執筆者一同が感銘を覚えている。本書ではそのような進展を生物学的な背景とともにできるだけ理解しやすくまとめることに努めた。作用部位タンパク質の3次元構造もできるだけ多く盛り込んでいる。

一方、農薬は実際に「使う」という観点も重要である。本書では負の印象をもたれている農薬が、実際にはさまざまな角度から評価されており、安全な使用や食の安全を確保するための制度がつくられていることを第1章で強調した。また薬剤の効果を最大限に発揮させ、かつ作業者や環境影響を最小にする製剤技術も「使う」ために欠かすことができない。最新の知見を加えた第6章の解説によって、普段あまり注目されないその技術の重要性と進歩をあらためて認識できることと思う。

さらに今回の改訂では「農薬の将来」という章を新たに設け、現在問題となっている害虫、病原菌、雑草の薬剤抵抗性発現メカニズムとその対応策としての総合的管理法についても紹介した。特に最後の部分では、読者それぞれが自由に発想をめぐらせ、作物保護に関する新しい展望を描いてもらうことを期待している。

巻末にはすべての農薬の作用部位を一覧できる表をつけた。農薬がいかに多様な作用をもつかをわかってほしい。しかし近年、新しい作用部位をもつ農薬の開発例が少なくなってきている。研究レベルでは新規作用の可能性を示す化合物の報告も散見されるが、残念ながら実用化には至らないものが多い。本文中で解説されるように、農薬による農作物の保護が持続的に有効な技術であるためには、常に作用性の異なる多様な薬剤が使用できる状態にしておくことが必須である。本書が、学生や植物保護に関わる若い研究者にとって新しい農薬、もしくは新しい概念をもつ農薬の発明をめざすきっかけとなることを祈る。

本改訂版の企画から編集にわたり朝倉書店編集部にたいへんお世話になった。また第2章の図に用いたイラストは橋本杏樹さんによるものである。感謝申し上げる。

2019年1月

編者一同

目　次

1. **農薬とは** ……………………………………〔宮川　恒・元場一彦〕… 1
   - 1.1 農薬の歴史と効用 …………………………………………………… 1
     - 1.1.1 はじめに …………………………………………………………… 1
     - 1.1.2 農薬の定義 ………………………………………………………… 3
     - 1.1.3 農薬の組成 ………………………………………………………… 4
     - 1.1.4 農薬の名前 ………………………………………………………… 4
     - 1.1.5 農薬の役割 ………………………………………………………… 5
     - 1.1.6 農薬はどれぐらい使われているか ……………………………… 7
     - 1.1.7 農薬が病害虫の発生や雑草の生育を防ぐしくみ ……………… 8
     - 1.1.8 農薬の選択性 ……………………………………………………… 10
     - 1.1.9 農薬に対する抵抗性 ……………………………………………… 11
     - 1.1.10 合成農薬の発展 ………………………………………………… 12
   - 1.2 農薬の研究開発の概要および農薬登録のしくみ ………………… 14
     - 1.2.1 農薬の研究開発の概要 …………………………………………… 16
     - 1.2.2 農薬登録制度の概要 ……………………………………………… 17
     - 1.2.3 農薬登録制度とレギュラトリーサイエンス …………………… 18
     - 1.2.4 消費者安全性の評価 ……………………………………………… 21
     - 1.2.5 環境安全性の評価 ………………………………………………… 24
     - 1.2.6 使用時安全性の評価 ……………………………………………… 25
     - 1.2.7 日本と諸外国の制度の比較 ……………………………………… 25
   - 1.3 農薬の安全性の実際 ………………………………………………… 26
     - 1.3.1 急性毒性からみた安全性 ………………………………………… 26
     - 1.3.2 ヒトの農薬残留摂取の実態からみた安全性 …………………… 28
     - 1.3.3 農薬の環境安全性 ………………………………………………… 30
     - 1.3.4 リスク管理の実際 ………………………………………………… 32
     - 1.3.5 基準値の意味するもの …………………………………………… 32
     - 1.3.6 安全と安心 ………………………………………………………… 33

2. 殺虫剤 〔松田一彦・中川好秋〕…35
- 2.1 神経系に作用する薬剤…………………………35
  - 2.1.1 神経系における情報伝達のしくみ………35
  - 2.1.2 ナトリウムチャネルに作用する薬剤……44
  - 2.1.3 ニコチン性アセチルコリン受容体に作用する薬剤…52
  - 2.1.4 リガンド作動性塩素チャネルに作用する薬剤…57
  - 2.1.5 神経伝達物質の不活性化を阻害する薬剤…62
  - 2.1.6 Gタンパク質共役型受容体に作用する殺虫剤…68
  - 2.1.7 筋肉に作用する薬剤………………………69
- 2.2 昆虫の弦音感覚を攪乱する薬剤……………71
- 2.3 脱皮・変態を攪乱する薬剤…………………72
  - 2.3.1 昆虫の脱皮・変態のしくみ………………72
  - 2.3.2 脱皮ホルモンとその活性をもつ薬剤……74
  - 2.3.3 幼若ホルモンとその活性をもつ薬剤……77
  - 2.3.4 昆虫の表皮とキチン合成阻害剤…………79
- 2.4 その他の薬剤…………………………………82

3. 殺菌剤 〔田村廣人・三芳秀人〕…84
- 3.1 殺菌剤の分類…………………………………84
- 3.2 ミトコンドリア電子伝達系阻害剤…………85
  - 3.2.1 ミトコンドリア電子伝達系の構成………85
  - 3.2.2 複合体-Ⅲに作用する殺菌剤………………87
  - 3.2.3 複合体-Ⅱに作用する殺菌剤………………89
  - 3.2.4 複合体-Ⅰに作用する殺菌剤………………90
  - 3.2.5 複合体-Ⅳおよび複合体-Ⅴに作用する殺菌剤…90
  - 3.2.6 脱共役活性を有する殺菌剤………………90
- 3.3 細胞膜および細胞壁の阻害剤………………92
  - 3.3.1 細胞膜のステロール生合成阻害…………92
  - 3.3.2 脂質生合成または輸送/細胞膜の構造または機能阻害…96
  - 3.3.3 細胞壁生合成阻害…………………………100
  - 3.3.4 細胞壁のメラニン生合成阻害……………101
  - 3.3.5 有糸核分裂と細胞分裂阻害………………106

3.3.6　シグナル伝達阻害……………………………………108
　　3.3.7　多作用点接触活性化合物…………………………111
　　3.3.8　宿主植物の抵抗性誘導……………………………112
　　3.3.9　その他…………………………………………………114

4．除　草　剤……………………………………〔清水　力・河合　清〕…117
　4.1　はじめに………………………………………………………117
　4.2　除草剤の分類…………………………………………………118
　4.3　アミノ酸生合成を作用点とする除草剤……………………119
　　4.3.1　ALSを作用点とする薬剤……………………………120
　　4.3.2　EPSPSを作用点とする薬剤…………………………124
　　4.3.3　GSを作用点とする薬剤………………………………125
　4.4　光合成を作用点とする除草剤………………………………127
　　4.4.1　光化学系Ⅱ複合体を作用点とする薬剤……………127
　　4.4.2　光化学系Ⅰ複合体を作用点とする薬剤……………129
　4.5　光合成色素生合成を作用点とする除草剤…………………131
　　4.5.1　PPOを作用点とする薬剤……………………………131
　　4.5.2　カロチノイド生合成を作用点とする薬剤…………135
　4.6　脂肪酸生合成を作用点とする除草剤………………………139
　　4.6.1　ACCaseを作用点とする薬剤…………………………140
　　4.6.2　VLCFAEを作用点とする薬剤…………………………141
　4.7　オーキシン様除草剤およびオーキシンの極性輸送を
　　　　作用点とする除草剤…………………………………………144
　　4.7.1　オーキシン様薬剤………………………………………144
　　4.7.2　オーキシンの極性輸送を阻害する薬剤………………147
　4.8　細胞分裂を阻害する薬剤……………………………………147
　4.9　細胞壁生合成を作用点とする薬剤…………………………149
　4.10　除草剤の選択性と抵抗性……………………………………150
　4.11　除草剤耐性作物………………………………………………151

5．代　謝　分　解………………………………………〔元場一彦〕…153
　5.1　代謝運命と安全性評価………………………………………154

	5.1.1	動物による代謝（動物体内運命試験）……………………………154
	5.1.2	植物による代謝（植物体内運命試験）……………………………155
	5.1.3	環境中での動態・分解……………………………………………156
	5.1.4	家畜による代謝……………………………………………………156
5.2	代表的代謝反応とそれを触媒する酵素……………………………………157
	5.2.1	生体が関与する反応………………………………………………157
	5.2.2	非生物的分解反応…………………………………………………162
5.3	代謝・分解にともなう生理活性の変化……………………………………164
	5.3.1	解毒・不活性化……………………………………………………164
	5.3.2	活性化………………………………………………………………164
	5.3.3	代謝分解の生物種差と選択毒性…………………………………166

6. 製剤と施用法……………………………………〔池内利祐〕…168

6.1 農薬製剤の役割………………………………………………………………168
   6.1.1 製剤の目的……………………………………………………………168
   6.1.2 医薬との比較…………………………………………………………169
6.2 農薬の施用法…………………………………………………………………169
6.3 農薬製剤の種類………………………………………………………………170
   6.3.1 各種剤型………………………………………………………………170
   6.3.2 剤型の選択……………………………………………………………177
6.4 製剤化技術……………………………………………………………………177
   6.4.1 補助成分………………………………………………………………177
   6.4.2 加工技術………………………………………………………………178
6.5 製剤による効果………………………………………………………………179
   6.5.1 展着剤，アジュバント………………………………………………180
   6.5.2 育苗箱施用粒剤………………………………………………………180
   6.5.3 マイクロカプセル……………………………………………………180
6.6 製剤と施用法…………………………………………………………………181
   6.6.1 ドリフト防止…………………………………………………………181
   6.6.2 省力化製剤……………………………………………………………181
   6.6.3 育苗箱処理……………………………………………………………182
   6.6.4 移植（田植）同時処理………………………………………………182

6.6.5　種子処理 …………………………………………………… 182
　　　6.6.6　航空防除 …………………………………………………… 182
　　6.7　製剤と施用法の今後の動向 …………………………………… 183

7. 農薬とその将来 ……………………………〔浅見忠男・宮川　恒〕… 184
　　7.1　抵抗性とその対策 ……………………………………………… 184
　　　7.1.1　選択性農薬と抵抗性 ……………………………………… 184
　　　7.1.2　抵抗性の発達 ……………………………………………… 184
　　　7.1.3　抵抗性対策 ………………………………………………… 185
　　　7.1.4　抵抗性のモニタリング …………………………………… 187
　　　7.1.5　感受性の復活 ……………………………………………… 188
　　　7.1.6　抵抗性対策のための農薬 ………………………………… 189
　　7.2　IPM ……………………………………………………………… 191
　　　7.2.1　IPMとは …………………………………………………… 191
　　　7.2.2　IPMで使われる防除技術 ………………………………… 192
　　　7.2.3　IPMと化学農薬 …………………………………………… 195
　　　7.2.4　IPMの課題 ………………………………………………… 196
　　7.3　新しい農薬―期待される新しい標的と新農薬の創製 ……… 197
　　　7.3.1　コンピュータを利用した新規化合物の探索法 ………… 197
　　　7.3.2　ゲノム情報を利用した新規標的分子の探索 …………… 198
　　　7.3.3　病虫害抵抗性メカニズムの利用 ………………………… 199
　　　7.3.4　化学農薬は必要か ………………………………………… 200

付　　表 ………………………………………………………………… 202
索　　引 ………………………………………………………………… 207

① 農薬とは

1.1 農薬の歴史と効用

1.1.1 はじめに

　人類が食料を得るために，狩猟採集生活から農耕生活へ移行していったのは約1万年前といわれる．自然状態とは異なり，広い面積で1種類の食べられる作物を栽培する農業は，その作物を餌としたり寄生したりできる生物の大々的な繁殖を可能にする．また自然状態と同じように多様な植物が混ざって生えてきた場合，作物の生育を阻害し，収穫作業のじゃまになる．

　農業を始めて以来，人類はこのような収穫をじゃまするものへの対応にずっと頭を悩ませてきた．特に害虫や病害は悪天候などの災害にともなって大発生することがあり，収穫が激減して食糧不足，さらには大きな社会問題を引きおこした．古くは古代エジプトの時代にも，イナゴによる穀物の被害が記録されている．日本にも大きな飢饉により多数の人の命が奪われたという記録が多数残っている．ヨーロッパでは18世紀に当時主食の1つであったジャガイモの病気がまん延し，ほとんど収穫が得られないという事態が生じ，アイルランドでは100万人規模の餓死者が出た．

　有害生物による被害から作物を守ることを「防除」という．長い農業の歴史を通じて，実質的に効果のある防除方法はほとんどなかったといってよい．なんとか人力で除去できる雑草とは異なり，素手で害虫と戦うのは不可能である．病気を引きおこす「微生物」に至っては，そもそもその存在が明らかになったのが19世紀で，人類の歴史の中ではつい最近のことである．大事な作物が原因不明の病気で枯れていくのをみて昔の人々は困惑したにちがいない．聖書には神による罰であると記載されている例もある．このような状況下で病虫害から植物を守るためにできることは，物理的に追い払う，神に祈る，お祓いをするなどしかなかったのである．

　一方で，身の回りにあるさまざまなもの（化学物質）が人に対する薬（あるい

は毒）や悪魔祓いのために試された．結果としてさまざまな植物（あるいはその抽出物）が生薬として病気の治療に有効であることが見いだされることとなる．病害虫の防除のためにも試されたと考えられ，それらの中から見つかったタバコや除虫菊の抽出物は，現在でも天然由来の殺虫剤として用いられる．

また中には殺菌作用があって，実際に微生物の増殖を防いだものもある．硫黄はかなり古くから使われていたようで，今でも農業用殺菌剤として用いられる．フランス・ボルドー地方では19世紀末にブドウが盗まれないよう（人間による被害から守るために！），硫酸銅の青い水溶液に石灰をまぜた液を散布して見栄えを悪くしたところ，重要病害であるべと病に対する防除効果が認められ，広く用いられるようになった．この混合物は「ボルドー液」と呼ばれ，これも今なお現役の殺菌剤である．

このように一部の限られた化学的な防除法以外にほとんど有効な手段がない時代が長く続いた後，19世紀末から20世紀にかけて化学の理解と技術が急速に発展し，さまざまな物質の化学構造が次々と明らかになった．また自然から十分な量を得るのが難しい化合物やもともと自然にはなかった化合物を，自分たちの力で効率よく作り出せるようになった．

農業にもっとも貢献した化学技術の1つが，ドイツのHaberとBoschによって1908年に開発されたアンモニアの合成法（ハーバー・ボッシュ法）である．空気中の窒素と水素から大量に合成できるようになったアンモニアは化学肥料として広く利用され，世界の農業生産性の向上に大きく貢献した．

一方で病害虫の防除に関しては，同じ頃に殺虫活性をもつ植物エキス（除虫菊，タバコ，デリス）や，砒酸鉛や水銀化合物のような重金属，さらにクロルピクリンのような比較的簡単な構造の化合物が工業的に生産できるようになり，徐々に使用され始めた．1930年代以降にはすぐれた防除活性をもつ化合物が相次いで見つかり，大きな飛躍がもたらされる．殺虫剤としてはDDT（1938年）やBHC（1941年）のような有機塩素化合物，神経に強く作用することが見いだされた有機リン酸エステル（パラチオン，1944年）などがその例で，農業害虫の防除のみならず衛生害虫の駆除にも大きな効果を示したことから，急速に世界に普及した．また病害防除に関しても，ジチオカーバメート化合物（チウラム，1934年）が初めての合成殺菌剤として登場する．さらに植物ホルモンの一種であるオーキシンの研究の中で合成された2,4-Dに殺草作用が見いだされ（1942年），農耕地における雑草防除のための除草剤として開発，普及が進んでいった．

以上のように，殺虫，殺菌，除草という作物保護の基本分野を担う合成農薬が勢揃いし，ここから作物保護の新しい時代が始まったのである．

1.1.2　農薬の定義

　農薬とは，「農業で使う薬剤」（大辞林）である．有害生物による農作物の被害を防ぐために使用される薬剤全般を意味することばで，実際には殺虫剤，殺菌剤，除草剤などその用途によって名前がかわる．

　一般には，防除効果の認められた化学物質を業者が自由に製造・販売し，生産者も商品価値を高めるために適当に使用しているというイメージをもたれることがあるが，日本をはじめ世界のほとんどの国では農薬の製造・販売には国の許可が必要であり，使用方法も厳格に定められている．人の病気の治療に用いる医薬品と同様である．農薬の製造・販売・使用は法律で規制されており，その詳細は次節で解説する．

　規制の対象とするためには，まず「農薬」を定義する必要がある．日本では農薬取締法によって，農薬は「農作物（樹木及び農林産物を含む）を害する菌，線虫，だに，昆虫，ねずみその他の動植物又はウイルスの防除に用いられる殺菌剤，殺虫剤その他の薬剤及び農作物等の生理機能の増進又は抑制に用いられる成長促進剤，発芽抑制剤その他の薬剤をいう」（一部原文を省略）と定められている．また農作物等の病害虫を防除するための「天敵」も農薬とされ，化学農薬と同様，製造・販売・使用が規制される．一方，伝染病を媒介したり，人の生活環境に現れて不快なイメージを与えたりする，ノミ，シラミ，カ，ゴキブリなどの駆除に用いる殺虫剤は，成分が同じであっても，法律上，農薬とはみなされない．

　農業上の有害生物の中で，最も重要なものは病原菌，昆虫，雑草である．法律の中で，殺菌剤と殺虫剤の名前が出てくるのに対して，雑草を防ぐのに用いる「除草剤」は，「その他の薬剤」の1つとして扱われている．「虫」の字が含まれる線虫は，線形動物門に属し昆虫とはまったく異なる微小な生物である．ダニは外観が昆虫に似ているが，足が8本ありクモに近い．農作物に被害をもたらすのはハダニ科に属するダニである．法律では他にネズミが有害生物として指定されており，殺鼠剤で防除する．哺乳動物の加害者としては，イノシシ，シカ，サルなどが近年日本の農業で深刻な被害を与えているが，今のところ有効な防除用薬剤はない．ウイルスの防除剤もまだ見つかっていない．

　表1.1に，日本で用いられている農薬の用途別の名称をまとめた．この中で，

表 1.1 農薬の種類[1]

種類	役割
殺虫剤	農作物の有害昆虫（害虫）の防除
殺ダニ剤	農作物に寄生して加害するダニ類の防除
殺線虫剤	農作物の根の表面または組織内に寄生増殖し加害する線虫類の防除
殺菌剤	農作物を植物病原菌（糸状菌および細菌）の有害作用から守る
除草剤	農作物や樹木に有害な作用をする雑草類の防除
殺虫殺菌剤	殺虫成分と殺菌成分を混合して，害虫，病菌を同時に防除
殺鼠剤	農作物を食害するネズミ類の駆除
植物成長調整剤	農作物の品質などを向上させるため，植物の生理機能を増進または抑制
忌避剤	動物が特定のにおい，味を忌避する性質を利用し，農作物の鳥獣害を防ぐ
誘引剤	動物・昆虫が特定の臭気などの刺激で誘引される性質を利用し，有害動物などを一定の場所に誘い集める
展着剤	農薬を水で薄めて散布するときに，薬剤が害虫の体や作物の表面によく付着するように添加

植物の成長を促進したり抑制したりする植物成長調整剤，生殖行動に関わるフェロモンで行動を攪乱する誘引剤，害虫を寄せつけない忌避剤も法律上農薬の一種であることはあまり知られていない．さらに，展着剤は有害生物や農作物に直接働きかける作用はもたないが，生産現場で他の薬剤と混合して用いられることから農薬に含められている．

1.1.3 農薬の組成

生産の場で使用される製品としての農薬は，通常，対象生物に働きかける有効成分（原体）と，使用に適した形にするための補助剤でできている．有効成分のみを直接田畑に散布することはない．補助剤には有効成分を吸着させるための固体（粘土の粉末）や散布液を調製する際に均一に分散させるための界面活性剤など多様な物質が用いられ，使用条件と方法に応じてさまざまな形の薬剤（製剤）として製造される（第6章参照）．**表 1.2** のように，有効成分の含量は作用の強さによって製品ごとに異なるので，重量をもとにして薬剤の使用量を考えるのはあまり意味がない．

1.1.4 農薬の名前

農薬は化学名，一般名，種類名，商品名の4つの名前をもっている．化学名は化学構造に基づいた名前で，国際純正応用化学連合（IUPAC）が定める命名法

表 1.2　農薬に含まれる有効成分含量と使用方法の例

種類	商品名	有効成分（一般名）	含量	使用方法	10 a あたりの散布量	10 a あたり有効成分量
殺虫剤	スタークル顆粒水溶剤	ジノテフラン	20%	2000 倍（あるいは 3000 倍）希釈	60〜150 L（水稲の場合）	10.5 g（2000倍希釈の場合）
殺虫剤	プレバソンフロアブル 5	クロラントラニリプロール	5%	2000 倍希釈（キャベツの場合）	100〜300 L	5 g
殺菌剤	アミスター 20 フロアブル	アゾキシストロビン	20%	2000 倍希釈	同上	30 g
除草剤	テラガード 1 キロ粒剤 51	カフェンストロール ベンスルフロンメチル ベンゾビシクロン	2.10% 0.51% 2%	そのまま	1 kg	21 g 5.1 g 20 g

とケミカルアブストラクトサービス（CAS）が使用する命名法に従って名前がつけられる．一般名は化学名を簡略化した名前であり，有効成分名ともいう．原則として国際標準化機構（ISO）の推奨するものが用いられる．種類名は農薬登録の際に命名される名前で，有効成分の一般名に剤型名を付して命名される．商品名は製造者が販売のためにつける名前である．

1.1.5　農薬の役割

　ここで，あらためて農薬が何のために用いられるのかを整理してみよう．農薬を使用する目的は，何よりもまず有害生物による収穫の減少を防ぐことにある．図 1.1 は日本で農薬を使用しないで農作物を栽培した場合に，どの程度収穫が減少するかを実験により調べた結果である．作物の種類によって異なるものの，いずれもかなりの減収が生じている．リンゴやモモなどの果樹類では減収は 100%近くに及び，ほとんど商品にならなかった．

　農薬を使用するもう 1 つの大きな目的は，農作業の軽減である．第二次世界大戦後の日本における水田稲作での作業時間を調査した結果によると，除草剤が使われていなかった 1949 年の単位面積（10 a）あたりの総労働時間は 216 時間で，そのうち特につらい作業である除草には 50.6 時間（23.4%）が費やされていた．以降，機械化と農薬の普及により総労働時間が大きく減少し 2010 年には 25 時間となる中で，除草作業は 1.4 時間と，1949 年に比べて 3%以下，総労働時間に占める割合も約 5%になった．この間に開発された除草剤が，省力化に大きく貢献していることがわかる．

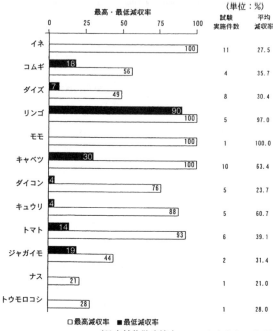

図1.1 農薬を使用しない場合の主要作物の減収率[2,3]

ただし実際にはこの間，除草剤を含む農薬の散布作業という，以前にはなかった労働が加わっていることをみておく必要があるだろう．防除作業に費やす時間は全体の2％程度（2010年）ではあるが，散布作業の負担は無視できるものではなく，できることなら農薬は使いたくないという現場の生産者も多い．しかし除草剤散布作業は，人力による除草作業に比べてはるかに負担が少ないのは明らかである．病害虫防除に関しても，有効な手段がなかった時代では，たとえ防除のための作業時間はゼロであったとしても，それはいくら時間を費やしても効果がなかったためである．薬剤散布という具体的な作業で確実に効果が得られるようになり，実質的には大きな省力化が実現している．

さらに別の農薬の効用として挙げられるのが，病原微生物が生産する毒性物質によって引きおこされる農作物の汚染を防ぐことである．菌類の中には，人の健康に大きな悪影響をもたらす代謝物（マイコトキシン，mycotoxin）を生産する

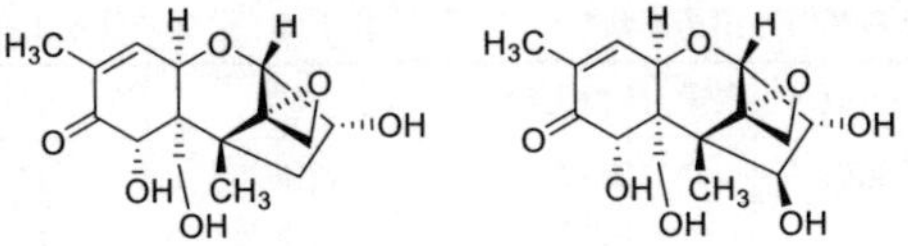

図1.2 ムギ類赤カビ病菌が産生するマイコトキシン

ものがある．マイコトキシンは，アフラトキシンのように収穫後貯蔵中の穀物に発生するカビによって生産されるものがよく知られるが，中には栽培中の植物に菌が感染し繁殖過程で生産されて，収穫物を汚染する場合がある．特にムギ類に寄生し，種子に黒褐色の固い構造物をつくる麦角病菌（*Claviceps purpurea*）が毒性のあるアルカロイドを生産することは古くから知られている．またムギ類に赤カビ病を引きおこす *Gibberella zeae*（*Fusarium graminearum*）は，デオキシニバレノール（DON）やニバレノール（NIV）などのトリコテセン類を産生する（**図1.2**）．赤カビ病は出穂前後に降雨などで湿度が高くなったところに気温が上昇すると発生しやすいとされ，生産現場では発病によるマイコトキシン汚染を防ぐため薬剤による防除の徹底が呼びかけられている．DON や NIV は，嘔吐，腹痛，下痢などの中毒症状を引きおこすため，日本ではコムギに含まれるDON の基準値を 1.1 ppm と定めている．

植物病原微生物が生産する代謝物には未知のものが多くあり，それらが強い毒性をもつ可能性は否定できない．収穫量だけでなく収穫物の安全性を確保する上でも，可能な限り病害の発生を防ぐことが重要である．

1.1.6 農薬はどれぐらい使われているか

日本における種類ごとの農薬の出荷量を**表1.3**にまとめた．この中の数量で示されたデータは，上述のようにそれぞれ有効成分含量がちがう薬剤の量の総和であり，また金額も有効成分によって高価なものと安価なものがあるので，必ずしも実際の有効成分使用量を反映しないことに注意が必要である．出荷量でみると除草剤が最も多く，殺虫剤，殺菌剤がそれに次ぐ．殺虫剤と殺菌剤は混合剤として製品化されているものもある．なお殺ダニ剤と殺線虫剤はここでは殺虫剤に含まれている．誘引剤（フェロモン），忌避剤などは，「その他」としてまとめられており，使用される量は少ない．

また，世界で使用される作物用農薬の売上高を種類ごとに分類したデータを**表**

表1.3 日本における農薬の出荷実績[4]

種類	数量 (t, kL)	金額 (100万円)
殺虫剤	73381	112342
殺菌剤	41753	76447
殺虫殺菌剤	18001	35078
除草剤	83001	136445
植物成長調整剤	1477	6013
殺鼠剤	336	328
補助剤	2862	3463
その他*	7238	3149
合計	228050	373264

*忌避剤，誘引剤等．

表1.4 世界の作物用農薬売上高（2015年）[5]

種類	売上（百万ドル）	比率（％）
殺虫剤	14330	28.0
殺菌剤	13713	26.8
除草剤	21644	42.2
その他*	1523	3.0
合計	51210	100

*植物成長調整剤，燻蒸剤，フェロモン等．

1.4に示す．世界全体でみても除草剤の比率が高いことがわかる．これに対し日本の耕作地は比較的高温多湿で，害虫や微生物による病害が発生しやすい環境にあるため，殺虫剤や殺菌剤の使用量が相対的に多い．

以上のように，「農薬」ということばは実質的に殺虫剤，殺菌剤，除草剤の3つを指すといってよい．そこで本書では，その有効成分がどのようにして有害生物に対して防除効果を示すのかを解説し，特に現在の作物保護において基幹的な役割を担う化学農薬に焦点を当てる．この3つに比べて使用される量の少ない他の剤および天敵などの生物農薬については，他の参考書[9〜11]を参照されたい．

1.1.7 農薬が病害虫の発生や雑草の生育を防ぐしくみ

農薬は有害生物の生体反応を攪乱することによりその生育を妨げたり，作物の成長を制御して生産効率を上げたりすることができる．その作用が現れる理由あるいはしくみのことを「作用機構」あるいは「作用メカニズム」という．

農薬の生物に対する作用は，非特異的なものと特異的なものに分けられる．非特異的な作用は，生体内のある特定の分子に働きかけるのではなく，生命を維持するための環境あるいは細胞の構造を破壊することで現れる．酢やセッケンが示す殺虫・殺菌作用がこの例である．また油などは，昆虫の体の表面にある気門という呼吸器官を物理的にふさいで殺虫活性を示す．

一方，現在用いられている多くの農薬の作用は特異的で，対象とする生物のある特定の分子に働きかけることで効果を現す．この特定の分子（あるいはその分子が関わる生命維持のプロセス）を「作用点」という．作用点は，生体反応を触

媒する酵素や，ホルモンなど生体内のシグナル分子の受容体（レセプター）タンパク質であるのが一般的である．また細胞の構造を支えるタンパク質，生体膜を隔てた物質輸送を担うチャネル分子なども重要な農薬の作用点である．DNA や RNA，遺伝子の転写や翻訳を制御するさまざまな因子も作用の対象となりうる．

具体的に，次のような化合物 A から B への変換反応を触媒する酵素 X について考えてみよう．

$$\text{化合物 A} \xrightarrow{\text{酵素 X}} \text{化合物 B}$$

化合物 B が生命の維持にとって欠かすことのできない成分であったり生体の機能を制御するシグナル分子である場合（①），B が不足すると異常が生じる．酵素 X に働きかけて B の合成を妨げる化合物（阻害剤）は，生理活性物質の典型的な例である．逆に A が生命維持にとって重要であるが，通常は X がすぐに A を B に変換することで A の濃度が低く調節されている場合（②）もある．X が阻害されると，A が過剰になって異常を引きおこす．このときも X の阻害剤は「毒」として作用する．

また酵素 X の合成機構に働きかける化合物も考えられる．酵素 X を合成できなくする化合物は，①の場合，B の不足を引きおこし，②の場合，A の過剰を引きおこす．逆に X の合成を促進する化合物は，①では B が過剰となり，②では A が不足する．さらに A や B とは異なる化合物であるにもかかわらず，同じ働きをするという分子も存在する．どちらも体外から与えられると，A や B の実質的な過剰状態を作り出し，異常を引きおこす．

このような単純な系でも，A あるいは B の生体内での役割や，それらの量の調節機構に応じて，ある化合物がこの系に働きかけてさまざまな影響を与える可能性が考えられる．

農薬を含め生理活性化合物の作用機構解明は，一種の知的な謎解きであり，学術的にたいへん興味深い研究課題である．現在使用されている殺虫剤，殺菌剤，除草剤のおもな作用機構を**表 1.5** にまとめた．またすべての農薬を作用機構ごとに分類した表が巻末に掲載されている．それぞれの作用は以下の章で詳しく解説されるが，現在使用されている薬剤の中にはまだ作用機構が不明のものもある．農薬の作用機構を明らかにし，ある薬剤が対象とする生物にどのようにして効果を現すのかを知ることは，その薬剤が防除対象以外の生物に対して安全であることを確認するためにも重要である．さらに，薬剤の効果は生物の機能や生命維持

表1.5　農薬のおもな作用機構

殺虫剤	・神経系における情報伝達の阻害 ・脱皮や変態の阻害 ・筋肉の収縮機構の攪乱
殺菌剤	・エネルギー代謝の阻害 ・細胞分裂の阻害 ・菌体成分の合成阻害 ・作物の病害抵抗性誘導
除草剤	・植物ホルモン作用の攪乱 ・光合成の阻害 ・活性酸素の生成 ・アミノ酸の合成阻害

のしくみと密接に関係している．したがって，作用機構の解明は生命そのもののしくみの理解につながっているといえる．このような考え方に基づいて，生理活性化合物の作用から生物を研究する科学をケミカルバイオロジー（化学生物学）と呼ぶ．農薬は対象とする昆虫，微生物，植物などの生命現象を研究するための有用なツールでもある．

1.1.8　農薬の選択性

　農薬の効果は防除対象生物に対してのみ発揮されるのが理想的である．そのような性質を選択性（selectivity）という．

　選択性が生じるメカニズムはおもに3つある．1つめは薬剤が対象とする作用点の有無である．例えば植物は光合成によってエネルギー源を得ているが，動物はそのような機能を持ち合わせていない．したがって光合成を阻害する化合物は，基本的に動物には作用しない．一方，異なる生物の間に同じ機能が存在しても，その機能を担う分子のレベルでみると生物種によるちがいがあり，そのちがいが作用の差を生じて選択性の発現につながる場合もある．

　2つめのメカニズムには，体内に吸収された化合物を解毒分解する能力が関係する．生物によってこの能力に差があることで選択性が生じる．化合物によっては，対象とする生物の中で代謝を受けて活性化されてから効果を発揮するものもある．この能力のちがいも選択性の発現につながる．

　3つめのメカニズムとしては，化合物を体内に吸収する能力，あるいは体外から排出する能力の生物による相違が選択性につながる．例えば同じ植物でも草本

では植物体表面から薬剤が吸収されるのに対して，硬い組織でおおわれた木本の幹から薬剤を体内に浸透させるのは難しい．

昆虫・植物・微生物と哺乳動物のように異種生物の間では体の構造や生理機能が大きく異なるため，そのちがいを利用した選択性は比較的実現しやすい．実際に，高い防除効果を発揮するにもかかわらず，ヒトを含む温血動物に対する毒性はきわめて低い薬剤が多く実用化されている．一方で，農薬を使用する際には例えば害虫と有用昆虫，あるいは作物と雑草といった同種の生物間にも選択性が求められる．このレベルでの選択性を実現するのは容易ではないが，実際には高い選択性を示す多くの薬剤が実用化されている．詳細は以降の各章で説明する．

1.1.9 農薬に対する抵抗性

薬剤を用いて防除を行う際，程度の差はあっても生物個体によって薬剤に対する感受性が異なるのが普通である．したがって同じ薬剤を繰り返し使用すると，その薬剤に対して感受性の低い個体群が生き残り，見かけ上薬剤の効果が低下する（あるいはほとんど効かない）ようになることがある．

このように害虫・病原微生物・雑草のある系統が，通常の量の薬剤では防除されず生き残ってしまう性質を抵抗性という．ただし慣例として，病原微生物の場合は「薬剤耐性」という用語が用いられる．

抵抗性が生じるメカニズムは大きく2つに分けられる．1つめは，薬剤作用点の分子多型（polymorphism）である．作用点が酵素などのタンパク質である場合，機能にはほとんど差がなくても，変異によって部分的にアミノ酸配列のちがう分子多型が個体間に存在する場合がある．そのちがいがある分子型に対する薬剤の親和性を低下させると効力が低下し，その分子型をもった個体が抵抗性を示す．ただしこの遺伝子の変異は細胞分裂の際の複製の失敗や，自然界に存在する宇宙線や紫外線などのエネルギーの強い光による遺伝子に対する損傷とその修復失敗によって起こる．農薬は農薬に対する感受性の低い個体を選択するが，遺伝子の変異そのものを引きおこすのではない．抵抗性の原因となる遺伝子が見つかった場合には，その遺伝子を同定することで作用点が解明できることがある．

抵抗性が生じる2つめのメカニズムは，薬剤の解毒代謝能力のちがいに基づく．解毒能力には第5章で解説するように，生体内の加水分解酵素，酸化酵素，抱合化酵素が関与する．また薬剤を細胞外に排出する機能をもったタンパク質

（ABCタンパク質）が関与する場合もある．

　これら2つに比べると事例は少ないものの，生物の体の構造に個体群差があり，薬剤の吸収あるいは吸収後作用点までの移行プロセスの効率が低下しているものが抵抗性を示すこともある．さらに，薬剤の作用点分子をコードする遺伝子に重複が起き，コピー数が増えたり，転写量が増加することで作用点分子が増えた結果，相対的に薬の効果が低下する例も認められる．

　以上のメカニズムは先に述べた選択性のメカニズムとよく似ている．生物種間で差が生じる（選択性）メカニズムと，ある生物の個体群間で差が生じる（抵抗性）メカニズムは本質的に同じである．

　生物が複数の薬剤に対して抵抗性を示すことを交差抵抗性と呼ぶ．化学構造のちがう薬剤であっても作用点が同じである場合に，この現象が観察される．しかし，作用点が異なっているのに交差抵抗性が生じることもある．薬剤の代謝分解に関わる酵素の基質特異性が低く，化学構造の異なる薬剤を同じ酵素で分解・解毒できる場合にこのようなことが起こる．

　個体による感受性の差があるのは自然であるが，感受性の低い個体が生き残り大規模に繁殖すると，せっかく開発した薬剤の有用性が失われてしまう．作物の保護に使う有用な道具を失うのは人類にとって大きな損失であるため，できるだけ抵抗性が発達しないよう慎重な農薬の使用方法が求められる．詳細は第7章で解説する．

1.1.10　合成農薬の発展

　1.1.1項で述べたように，20世紀前半にDDTや有機リン殺虫剤のような合成農薬が登場し，病害虫防除の技術革新がもたらされた．一方で，これらの農薬では防除対象となる有害生物以外の生物や環境に対する影響が十分に配慮されておらず，使用が広がるにつれて弊害も無視できなくなっていった．特に環境影響に関しては，アメリカの生物学者Carsonの著書『沈黙の春（Silent Spring）』が大きな関心を集め，農薬の安全性に対し規制強化が求められることとなった．

　そのような社会の要請に応じ，1970年代以降，世界の各国で農薬の登録制度の見直しが進められた．日本では1971年に農薬取締法が大きく改正され，毒性が強く使用しにくかった有機リン殺虫剤のパラチオンや，残留性の高いDDTやBHCなどは要求される基準を満たすことができず，使用禁止となった．現在では次節で解説されるように多面的な安全性に配慮したしくみが整備され，問題が

1.1 農薬の歴史と効用

表1.6 農薬科学史上注目される薬剤あるいは技術（1960年以降）

西暦*	化合物あるいは技術	備考	本書での掲載項
1962	フェニトロチオン	安全性の高い有機リン殺虫剤	2.1.5項
1968～1969	ベノミル，チオファネート	初の植物体内への浸透移行性をもつ殺菌剤	3.3.5項
1974	プロベナゾール	初の植物病害抵抗性誘導剤	3.3.8項
1982	クロロスルフロン	超高性能除草剤の先駆け	4.3.1項
1983	フェンバレレート	独創的構造変換による農業用合成ピレスロイド	2.1.2項b
1992	イミダクロプリド	ネオニコチノイド系殺虫剤の誕生	2.1.3項a
1996	クレソキシムメチル，アゾキシストロビン	ストロビルリン系殺菌剤の誕生	3.2.2項
1996	グリホサート耐性作物	遺伝子組換えによる除草剤耐性作物の栽培開始	4.3.2項, 4.11節
1996～1997	フィプロニル，エマメクチン	GABA受容体作用型殺虫剤，エマメクチンの創製に至ったアベルメクチンの発見の功績に対してノーベル医学生理学賞（2015）	2.1.4項a,b
2007	フルベンジアミド，クロラントラニリプロール	リアノジン受容体作用型殺虫剤の登場	2.1.7項

*日本での登録取得年．

●「農薬」を英語で何という？●

農薬に相当する英語の単語は pesticide である．これは「害虫＝pest」を「殺すもの＝-cide」ということばの部品でできている．同じように虫（insect）を殺すものが殺虫剤（insecticide），菌類（fungi）を殺すものが殺菌剤（fungicide），草（herb）を殺すものが除草剤（herbicide）となる．

agrochemicals（農業用の化学品）といういい方もある．ただしこの言葉は「化学肥料」も含んでおり，必ずしも農薬のみを意味する言葉ではない．ちなみにフランス語では pesticide（綴りは同じでも読み方が異なる），ドイツ語も pestizid でいずれもことばの成り立ちは同じである．

日本語では，用途ごとには殺虫剤，殺菌剤，除草剤が使われるが，包括することばは農業用の薬＝農薬である．よいことばを考案したものだと思う．「農薬」は漢字文化圏の中国や韓国でも用いられる（中国・簡体字での表記は「农药」，韓国ではハングルで「ノンヤク」）．

ないと判定された農薬のみが使用できる．

　登録制度が整えられて以降の約50年間，改良に向けた研究が実を結んで多くの高性能農薬が登場した．この間に開発された農薬科学史上注目すべき薬剤や技術を年代順で**表1.6**に示す．このような進歩によって，さまざまな病害虫や雑草がより少ない薬量で効率よく防除できるようになり，農薬は現在の食料生産に大きく貢献している．

　また新農薬の創出に関しては，日本の果たした役割も大きく，これまでにいくつかの重要な薬剤を生み出してきた．その高い研究開発力は世界から注目されており，例えば2008年から2015年にかけて世界で出願された農薬特許の約25％を日本からのものが占めている．

1.2　農薬の研究開発の概要および農薬登録のしくみ

　前節でも述べたように，有機合成農薬の登場以来，食料生産の質的・量的安定化や省力化等，農薬のもたらしてきた便益（ベネフィット）はきわめて大きい．しかしその歴史を遡ると，一部の農薬では効果のみに着目され，ヒトおよび環境に対する安全性が十分に検証されないまま使用されて，後々種々の悪影響が明ら

◆農薬取締法の制定目的の変遷◆

　法律制定時（昭和23年）には時代背景（戦後の食料難）から食料増産が至上命題であったため，当時横行していた効果のない偽農薬を取り締まり，有効なものを市場に供給することを主目的に法律が制定された．これを反映し，その名称が「農薬取締法」になったと思われる．その後，本章でも述べたように，時代の変遷にともない，この法律の主目的が農薬の安全性の確保へと変化した．これを反映して現在では，農薬の有効性に関する要件に比べ，安全性に関する要件が圧倒的に多い．ちなみに同法の第1条「目的」では，「農薬の品質の適正化とその安全かつ適正な使用の確保を図り，もつて農業生産の安定と国民の健康の保護に資するとともに，国民の生活環境の保全に寄与することを目的とする」と謳われており，同法が国民の健康および環境保全を目指していることは明らかである．現在，取締法という名前のつけられた法律には大麻取締法，覚せい剤取締法，麻薬および向精神薬取締法，火薬類取締法等があり，いずれの法も危険なものの取扱いを定めるものである．農薬取締法については，法の目的からみて名称を変更してもよいのではないだろうか．

かとなったものもある．この負の歴史が，現在に至っても農薬の社会的受容がなかなか進まない一因ともなっているのではないだろうか．

例えば，史上初の有機合成農薬とされる DDT やこれに続く有機塩素系化合物，γ-BHC やディルドリンは，環境中での長期残留性，生物濃縮性および毒性に関する懸念のため，2000 年までに先進国を中心とする 40 か国以上でその使用が禁止・制限された[12]．ただし WHO（World Health Organization，世界保健機関）は，DDT の使用にともなう健康・環境リスクと不使用時のマラリアのリスクを比較し，熱帯国におけるマラリア対策のための DDT の限定的な使用については容認している[13]．また，高い殺虫活性を示すものの選択性に乏しく哺乳類への急性毒性も高いことから，多くの中毒事故を引き起こしたパラチオンやTEPP（ピロリン酸テトラエチル）のような化合物も農薬として利用されていた．現在では，これらの負の歴史に基づく教訓をふまえた厳格な規制が敷かれており，いかに高い生物活性（効果）を示そうとも，ヒトおよび環境に対する安全性に懸念のある化合物については農薬としての利用はできず，より安全な化合物のみが農薬として選択されている．この農薬の安全性・有効性を確保するための種々の規制の根幹を成すものが，各国で整備されている農薬登録制度である．

日本においては農薬の製造・販売・使用にかかるすべての過程に関する規制が農薬取締法（昭和 23 年 7 月 1 日制定）に定められており，この法に基づき「登録」されたもののみが農薬である．したがって，一部の例外を除き登録されていない化合物およびその製剤（すなわち農薬ではないもの）を農作物・農耕地に対して使用することは禁じられている．なおここでいう一部の例外とは，農作物等，人畜および水産動植物に対し危害を及ぼすおそれがないことが明らかな特定防除資材（特定農薬）と呼ばれるもので，現在のところ天敵，食酢，重曹，次亜塩素酸水等が指定されている．

諸外国においても，同様に農薬は法令に基づき規制されている．例えばアメリカでは「連邦殺虫剤，殺菌剤，殺鼠剤法」（Federal Insecticide, Fungicide, Rodenticide Act, FIFRA）が，ヨーロッパでは「EU 指令 91/414/EEC」（EU directive 91/414/EEC）およびこれに続く「EU 規則 1107/2009」（EU regulation 1107/2009）が定められている．これらの法令は，各国において農薬として登録されるために満たすべき条件，およびその手順等を定めたものであり，やはり効果の保証のみならず，ヒト，環境，および作物の保護に主目的をおいたものとなっている．

新たな農薬を創出するための研究開発は，長い歳月と多岐にわたる研究，これらのための膨大な経費を要する．以下，本節では農薬の研究開発，農薬の有用性および安全性確保のための農薬登録制度の概要を解説する．また，その根幹を成すリスク概念，リスク評価について，さらにそのリスク評価の過程で定められる残留基準値の意味についても述べる．

1.2.1 農薬の研究開発の概要

新規の低分子有機化合物を農薬として製品化するまでの研究・開発過程の概要を図1.3に示す．新農薬の創出は新たな化合物の合成から始まる．この新規化合物は生理活性を示す天然物や同様の活性を示す既存の農薬等をモデルに，あるいは全くランダムにデザイン・合成される．近年では生理活性を示すための標的となるタンパク（酵素や受容体）の構造情報が比較的容易に入手できるようになり，これに基づいて化合物をデザインすることも試みられている．

このような種々のアプローチによりデザイン・合成された化合物は，農薬としての生物（生理）活性をもつかどうかを確認するためのスクリーニングにかけられる．スクリーニング結果は化合物のデザインにフィードバックされ，より活性の高い化合物を目指した合成とスクリーニングが継続される．

十分な活性が認められた化合物については，製剤検討や公的な効果試験が行われる．さらに段階的に高次の安全性，工業的製造法等についても検討する．この

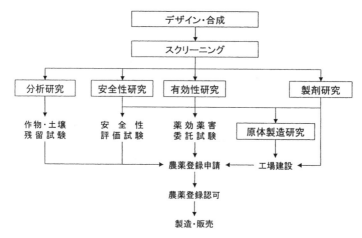

図1.3 新しい農薬が誕生するまでのプロセス

過程で，効果はまず試験管内（*in vitro*）やポット植えの植物を用いた試験により検討し，徐々に大規模となり圃場レベルの試験において実用性が確認される．また，安全性は急性毒性のような短期の試験から慢性毒性試験のような長期の毒性試験へと拡大する．しかしこれらの評価の過程で何らかの問題点が発見された結果，開発が中止になり，日の目をみない化合物も多い．現在では，1つの新農薬を創出するために十数万に及ぶ化合物を合成することが必要だといわれている．効果，薬害，安全性，工業的製造，経済性等いずれの点からも満足できる評価結果が得られ，以下に述べる農薬登録制度に定められた要件をすべてクリアし農薬登録を受けた化合物のみが，新規農薬として世に出るのである．

1.2.2 農薬登録制度の概要

日本において農薬登録を受けるためには，その製造者や輸入者は農薬取締法および関連する省令・通知等に定められた農薬の品質・安全性を確認するための試験成績（項目は表1.7～1.11）および関連資料を整備した上で，農林水産大臣に対し「農薬登録申請」を行う．農薬登録申請を受けた農林水産省は提出された試験成績に基づいて，①品質および薬効・薬害，②製造，流通や使用時における安全性（作業従事者への健康影響）に関する評価を行う．さらに，厚生労働省および内閣食品安全委員会は③消費者に対する安全性（作物残留によるヒトの健康への影響）について，環境省は④環境に対する安全性（有用生物，環境生物への影響，環境での挙動・残留性）に関する評価を行う．各省庁における評価の流れを表1.12に示した．なお，表1.7～1.11に挙げた試験は基本的な要求項目であり，評価対象となった化合物の特性に応じて追加の試験成績，例えば毒性発現メカニズムに関する検討結果等の追加提出が求められることも多い．現在ではDVD等の電子媒体による申請資料提出が認められているが，紙媒体に印刷した場合，登

表1.7　日本における登録要件：薬効・薬害分野

項目	試験の種類
効果	適用病害虫に対する薬効に関する試験 （農作物等の生理機能の増進又は抑制に用いられる薬剤にあっては，適用農作物等に対する薬効に関する試験）
薬害	適用農作物に対する薬害に関する試験 周辺農作物に対する薬害に関する試験 後作物に対する薬害に関する試験

表1.8 日本における登録要件：哺乳類毒性分野

項目	試験の種類
急性毒性	毒性経口試験（ラット） 急性経皮毒性試験（ラット） 急性吸入毒性試験（ラット） 皮膚刺激性試験（ウサギ） 眼刺激性試験（ウサギ） 皮膚感作性試験（モルモット） 急性神経毒性試験（ラット） 急性遅発性神経毒性試験（ニワトリ）
短期毒性	90日間反復経口投与毒性試験（ラット，イヌ） 21日間反復経皮投与毒性試験（ラット） 90日間反復吸入毒性試験（ラット） 反復経口投与神経毒性試験（ラット） 28日間反復投与遅発性神経毒性試験（ニワトリ）
長期毒性	1年間反復経口投与毒性試験*（ラット） 発がん性試験*（ラット，マウス） （*：ラットでは1年間反復経口投与毒性/発がん性併合試験も可）
生殖・発生毒性	2世代繁殖毒性試験（ラット） 催奇形性試験（ラット，ウサギ）
変異原性	復帰変異原性試験 染色体異常試験 小核試験
解毒方法または救命処置	解毒方法または救命処置方法に関する試験
動物体内運命	動物代謝に関する試験（ラット）

録申請時に提出する資料一式は図1.4に示すように膨大なものとなる．農薬の創出・開発プロセスは長期にわたるものであるが，候補化合物が最終的に農薬登録を受け，農薬として市場に出されることで完結する．いったん登録を受けた農薬も，一定期間（15年）の経過の後には，評価時点の最新の規制と科学に基づく評価を定期的に受け直すという「再評価」制度の導入も決まっており（2018年改正），既存の農薬についての再評価は2021年より実施される．

1.2.3 農薬登録制度とレギュラトリーサイエンス

最新の科学技術の成果を人と社会との調和の上で最も望ましい姿に調整（レギュレート）するための科学がレギュラトリーサイエンスであり，農薬の安全性評価はレギュラトリーサイエンスの主要な適用分野の1つであると考えられる．

表1.9 日本における登録要件：環境および環境毒性分野

項目	試験の種類
物理化学性	有効成分の性状，安定性，分解性等に関する試験 魚類濃縮性試験
水産動植物影響	魚類急性毒性試験 魚類（ふ化仔魚）急性毒性試験 ミジンコ類急性遊泳阻害試験 ミジンコ類（成体）急性遊泳阻害試験 ミジンコ類繁殖毒性試験 魚類急性毒性・ミジンコ類急性遊泳阻害共存有機物影響試験 ヌマエビ・ヌカエビ急性毒性試験 ヨコエビ急性毒性試験 ユスリカ幼生急性遊泳阻害性試験 藻類成長阻害試験
水産動植物以外の有用生物影響	ミツバチ影響試験 蚕影響試験 天敵昆虫等影響試験（少なくとも2目3種）
鳥類影響	鳥類強制経口投与急性毒性試験 混餌投与毒性試験

表1.10 日本における登録要件：残留性分野

項目	試験の種類
農作物への残留性	植物代謝試験 作物残留試験 後作残留試験
家畜への残留性	家畜代謝試験（反芻動物，家禽） 家畜残留試験（反芻動物，家禽）
土壌での残留性	土壌中動態に関する試験（好気的湛水，好気，嫌気条件） 土壌残留試験（水田，畑地）
水中での残留性	加水分解動態試験 水中光分解動態試験 水質汚濁性試験 模擬水田を用いた水田水中農薬濃度測定試験 実水田を用いた水田水中農薬濃度測定試験 模擬圃場を用いた地表流出試験 ドリフト試験 河川における農薬濃度のモニタリング

農薬が登録されるまでには種々の局面での安全性が検証されねばならないが，この検証のほとんどはリスク評価として実施される．この「リスク」とは何か，ま

表1.11　日本における登録要件：農薬原体（有効成分）の品質に関する分野

項目	試験の種類
農薬原体の組成	農薬原体中の成分の種類及びその含有量 農薬原体の製造方法 農薬原体に含有されると考えられる不純物及びその由来 農薬原体の組成分析 農薬原体中の成分の含有量の上限値及び下限値の設定 添加物及び不純物の毒性 農薬原体の同等性 農薬原体の分析法

表1.12　農薬登録に関与する各省庁の役割

機関	役割
農林水産省	安全使用基準の設定，登録認可
厚生労働省	毒・劇物指定評価，作物残留基準値（MRL）の設定
環境省	登録基準値（作物残留，土壌残留，水産動植物，水質汚濁）の設定
内閣府食品安全委員会	1日許容摂取量（ADI），急性参照用量（ARfD）の設定

図1.4　農薬登録申請資料一式

たリスクと似て非なる概念である「ハザード」とは何か，加えてリスクの定義，評価，管理について以下に解説する．

　農薬を含む化学物質のヒトあるいは環境への影響について考える場合，ハザード（危害要因）とはその化合物のもつ特性＝毒性の種類と強度と考えてよい．リ

スクの定義には種々あるが，農薬を含む化学物質の安全性評価分野では，リスクとはハザードと曝露の関数であり，毒性の強弱，毒性の質に加え，その化合物に曝露される程度（頻度と濃度）を総合した評価ととらえてもよいであろう．いかに毒性の高い化合物であっても，使用時の濃度が低い，閉鎖系での使用に限られる等の理由から曝露が少ない場合はリスクが低く，比較的毒性は弱くとも高濃度に頻回の曝露を受ける場合はリスクが高くなることは容易に理解できる．

このようにリスク評価を行った結果をふまえて，リスクを一定水準にとどめるために科学的・倫理的・経済的に妥当な措置として，規制，規格や基準値の設定が行われ，さらにその遵守が監視される．この過程がリスク管理と呼ばれ，農薬の場合では農林水産省，厚生労働省，および環境省等がそれぞれの任にあたり，安全使用基準の設定・監視，作物残留基準値の設定・監視，および環境基準値の設定，監視等を行う．加えて，リスク評価やリスク管理を有効に機能させ改善するために，全ステークホルダー（企業，行政，市民，専門家，使用者等のすべての関係者）がそれぞれの立場から相互に情報や意見を交換すること，すなわちリスクコミュニケーションが重要となる．このようにして，先端化学技術の成果である農薬がヒトおよび環境等に悪影響を及ぼすことなく，かつ有効に利用されるように，科学に基づいた調整が行われている．

1.2.4 消費者安全性の評価

食品安全委員会は，規制や指導等のリスク管理を行う各種行政機関から独立した組織で，食の安全を総合的に管理・監督するリスク評価機関である．農薬のリスク評価は，その中におかれた農薬専門調査会が担当している．食品安全委員会，農薬専門調査会は申請者から提出された毒性試験成績を評価し，長期の毒性試験成績等から 一生涯にわたり摂取し続けても何ら毒性影響を受けないと想定される量，すなわち無毒性量（no observable adverse effect level, NOAEL）を設定する．この動物実験における NOAEL のうち最低であったものにヒトと動物の種間差，ヒトの個体差を考慮した不確実係数（安全係数と呼ぶ場合もあり，通常各々について 1/10 倍とし，全体で 1/100 倍とする）を乗じ 1 日許容摂取量（acceptable daily intake, ADI）を定める．この ADI に体重を乗じた値は，「その人が毎日，一生涯摂取し続けても，健康影響を受けない量＝摂取が許容される量」を表す．また，発生生殖毒性を含む短期の毒性試験成績に基づき，1 日以内の短期間の大量曝露において毒性影響がみられないと想定される用量，すなわち

急性参照用量（acute reference dose, ARfD）が定められる*．

　これらの評価指標を定める過程の透明性を確保するために，農薬専門調査会の議事録は食品安全委員会のホームページ上で公開されており，また評価結果に基づき作成される評価書も公開されている．

　上記のようにして設定された ADI および ARfD は「どの程度までの曝露が健康影響を及ぼさないのか？」という指標であり，まだリスク評価は完了してはいない．消費者に対するリスク評価は農薬への曝露量，つまり摂取量と ADI および ARfD の比較により行う．表 1.10 に示したとおり，農薬登録申請にあたっては，その農薬の適用対象となる農作物を用いた作物残留試験が実施される．この作物残留試験は，農作物に実際の使用方法（使用濃度（量），使用回数，および収穫前日数）に従い農薬を処理して調製した試料を分析し，残留濃度を求める試験である．農薬への曝露量はこうして得られた残留濃度に，国民栄養調査から得られた各々の作物の平均消費量を乗じて得られる．作物ごとの残留量を合算して算出された総曝露量が ADI の 80% 未満に収まれば，農薬への曝露は健康影響を及ぼさないということになる（図 1.5）．ここでは ADI の 20% に相当する曝露は大気および飲料水に由来すると想定し，食品由来の曝露は ADI の 80% を上限とすることが決められている．同様に，短期曝露に関するリスク評価では，個別の作物の推定最大残留濃度に最大作物摂取量を乗じて得られた短期曝露量が ARfD 未満であることを確認する．短期曝露評価においては，複数の食品に最大の残留が同時に認められる可能性，あるいは複数の食品を同時に最大限まで食べる可能性はきわめて低いと考え，複数作物由来の曝露を合算はしない．

　厚生労働省，薬事食品衛生審議会は上記の残留分析試験結果から，農薬残留基準値を定める．農薬残留基準値は，その農薬を含む食品を食べても摂取量は ADI あるいは ARfD を超えない残留濃度であり，「食品中において許容される農薬の残留上限値」である．上述のように曝露しても健康影響をもたらさない ADI や ARfD をもとに設定されているので，基準値を超過する残留があっても，ただちに危険であることを意味しない．一方で，食品衛生法により農薬残留基準値

---

* 長期間・低濃度および短期間・高濃度という曝露のパターンに応じて ADI と ARfD を個別に設定する理由は，アルコール（お酒）に置き換えて考えるとわかりやすいかもしれない．ARfD は酩酊したり，急性アルコール中毒とはならない限度摂取量に相当するが，この量を長期間，毎日継続的に摂取した場合，アルコール性肝障害等の発現は必至である．長期の摂取を前提とした ADI に相当する限度摂取量は，酩酊を起こすレベルよりも相当に小さいことは容易に理解できるだろう．

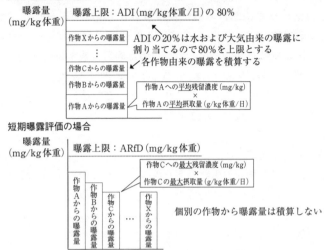

図 1.5　長期および短期曝露に関するリスク評価方法の比較

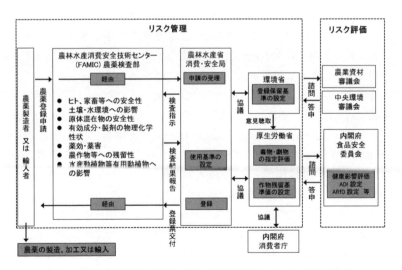

図 1.6　農薬登録に関する評価の流れ（農林水産省ホームページより作成）

を超過する残留が検出された農産物の販売や輸入は禁止されている．ある作物について，ある農薬の日本における残留基準値が 0.1 ppm (mg/kg) であるが，海外では使用方法が異なり，1 ppm の残留基準値が設定されていた場合，輸入に際し食品衛生法に抵触し問題が生じる．このため残留基準値は案の段階で，このような貿易障害とならないよう WTO（世界貿易機関，World Trade Organization）に通知され，各国からのコメントを経た後に確定する手順が整備されている．以上の評価の流れを図 1.6 に示した．

1.2.5 環境安全性の評価

　一般に天敵や拮抗微生物等の生物農薬を除き，農薬は何らかの生理活性を示す化合物であるが，同じく生理活性物質である医薬品との最大の違いは，意図的に環境中に放出されるか否かにある．農薬の安全性を考える場合，医薬とは異なりヒトだけでなく環境中に生息する各種の生物，すなわち環境生物への安全性をも考慮しなければならない．例えば日本における代表的農業環境である水田を考えた場合，使用された化合物のうち稲体や土壌に分配，移行した以外の部分は田面水中で分解しつつ，一部は水とともに河川等の水系に移行するため，魚類等の水生生物への曝露が想定される．このため，水環境に生息する生物（水生生物）に対するリスク評価が必要となる．水系の生態系を代表させる指標生物として，一次生産者である藻類，低次の捕食者の代表として動物プランクトン（ミジンコ），高次の捕食者の代表として魚類についてのリスク評価を行う．

　農薬施用後の環境水中濃度は，化合物の使用量，その物理化学的特性（水溶解度，土壌吸着定数），分解性等をパラメーターとしたモデルから PEC（予測環境中濃度，predicted environmental concentration）を計算し，評価に用いる．PEC が上記の水生生物に対する毒性試験により得られた半数致死濃度（LC_{50}）あるいは半数影響濃度（EC_{50}）に不確実係数を乗じて算出した AEC（acute effect concentration）を超過しないかどうかが評価の基準となる．超過がみられる場合には，使用基準の変更（使用量の低減）や試験生物種の追加，高次の毒性試験（例えばミジンコ成体毒性試験やフミン酸存在下での毒性試験）の追加による不確実係数の低減が必要となる．また PEC でなく，実際に河川水を分析して得られる実測値（モニタリング値）を用いた高次評価を実施する場合もある．各種の水生生物の AEC の最小値を「水産動植物の被害防止に係る農薬登録基準」と呼び，ある使用方法（安全使用基準）に従った場合の PEC がこれを超過する

場合は農薬登録は拒否され，使用方法等の変更が求められる．

　環境生物は水系にのみ生息するわけではなく，陸域には別の環境生物，例えば鳥類が生息しており，これらに対しても，毒性指標と曝露量を比較する類似の手法によるリスク評価が行われる．

　先にも述べたように，使用された農薬は通常微生物や光などのさまざまな化学的，物理的，生物学的要因によって分解されるが，一部は土壌に残留する．この土壌中に残留した農薬による農作物の汚染，およびそれによるヒト等への健康被害を防ぐために，「土壌残留に係る農薬登録基準」が定められる．

1.2.6　使用時安全性の評価

　農薬の使用者（作業者）は実際の散布等の処理に際し，消費者よりも高濃度の農薬に曝露されうる．例えば，散布の準備段階では高濃度の薬剤を水で希釈したり，散布機に移したりする作業があり，散布作業では空中に漂う微粒子や液滴を吸引する可能性もある．また圃場内で移動する際に，体が作物に付着した薬剤に接触する可能性もある．これらの原因による曝露を低減させるため，マスク，手袋や不浸透性防除衣等の保護具の着用が求められる．必要とされる保護具の程度は，当然取り扱う農薬の毒性のみならず散布方法等によって変化するが，この散布作業時の適切な防護装備については，種々の安全性試験の結果に基づいて定められ，農薬のラベルに「安全使用上の注意」として表示される．加えて，学校，公園，街路樹，住宅地に近接する農地等において農薬を使用する際には，農薬の飛散を原因とする住民等の健康被害が生じないよう飛散防止対策を徹底することが求められており，そのための詳細なマニュアルも定められている[14]．

1.2.7　日本と諸外国の制度の比較

　1.2節冒頭で述べたように，多くの国で日本と類似の制度が導入されており，農薬登録制度がない国はほぼ見当たらない．例えばアメリカでは，1910年には後のFIFRAの前身となるFederal Insecticide Act（連邦殺虫剤法）が制定されている．またヨーロッパでは，1987年の単一欧州に関する議定書（Single European Act, SEA）の発効後，速やかに各国の農薬登録制度の統一化が図られ，1991年には農薬基本法ともいえるEU指令91/414/EECが採択されている．FIFRAおよびEU指令91/414/EEC（およびその後継のEU規則1107/2009）のいずれもが，農薬として登録を受けるために要求される水準と手続きを定めたものであ

る．日本の場合，図 1.6 に示したように複数の省庁等が各々の所管部分を評価するが，アメリカの場合は環境保護庁（US EPA）が，ヨーロッパの場合は食品安全庁（EFSA）が，すべての分野の評価を行うことが大きなちがいである．その名称とは異なり，EPA は環境保護庁であるがヒトへの健康影響も評価し，EFSA は環境安全性も評価する．また，中国やブラジル等でも欧米の規制を参考にした規制の強化・近代化が進められている．世界的に食の安全や環境保護にこれまでにない関心が向けられている中，農薬規制についてもより厳格なものとなる傾向がある．

1.3　農薬の安全性の実際

　前節で示したとおり，農薬として登録されるには種々の局面での安全性が一定の水準以上であり，リスクが十分低く管理されているにもかかわらず，一般的に農薬は健康・環境に悪影響を与えるものというイメージが未だに残っている．前節では安全性を評価する手法・求められる水準について述べたが，本節では農薬の安全性の実際について検証する．

1.3.1　急性毒性からみた安全性

　ある化学物質を一度に大量に摂取した場合の毒性（急性毒性）を記述する基準として，半数致死量（lethal dose 50%，LD_{50}）が用いられる．これは，投与された動物の半数を死に至らしめる体重 1 kg あたりの投与量（通常は mg）のことで，LD_{50} が低ければ少量でも死に至ることを示し，毒性が強いということを表す．表 1.13 に一部の農薬有効成分と身の回りの各種化合物の LD_{50} を示した．この中で最も高い毒性を示すものはボツリヌス毒素であるが，フグ毒のテトロドトキシンまでの LD_{50} が 0.01 mg/kg 未満の極度に毒性の強い成分はすべて天然毒素である点，またきわめて身近な物質，例えばカフェイン（茶，コーヒーに含まれる覚醒成分，医薬品成分）やアスピリン（医薬品成分）の LD_{50} が比較的低いこと，砂糖（ショ糖）や食塩（NaCl）に対してですら極端に大きな値ではあるが LD_{50} が求まっており，過剰量の摂取が死亡をもたらしうることがわかる．農薬有効成分の中にも，LD_{50} が 24 mg/kg と低い EPN（O-エチル=O-4-ニトロフェニル=フェニルホスホノチオアート）から 10000 mg/kg 以上のフルトラニルまで種々の化合物がある．これらの事実は「農薬だから毒性が強い」，「天然物は

1.3 農薬の安全性の実際

表1.13 各種化合物の半数致死量の比較

分類	化合物	LD_{50}（mg/kg 体重）
天然毒素	ボツリヌス毒素	0.00000032
	破傷風菌毒素	0.000017
	テトロドトキシン（フグ毒）	0.01
	α-アマニチン（テングタケ毒素）	0.3
	アフラトキシン（カビ毒）	7
	パツリン（カビ毒）	15
農薬有効成分	EPN	24
	メソミル	50
	ダイアジノン	250
	フェニトロチオン（MEP）	330
	カルタップ	380～390
	ピレトリン	800
	アセフェート	945
	ブプロフェジン	2198
	イソプロチオラン	1190
	ベノミル	>5000
	フルトラニル	>10000
生体成分	コレカルシフェロール（ビタミンD_3）	42
	アスコルビン酸（ビタミンC）	11900
医薬品	ジギタリス	0.4
	アスピリン	1000
	インドメタシン	12
食品成分	ニコチン	50～60
	カプサイシン	60～75
	カフェイン	174～210
	塩化ナトリウム（食塩）	3000
	ショ糖（砂糖）	29700
	エタノール	7000
その他	シアン化カリウム（青酸カリ）	10

安全」という画一的な評価は思い込みにすぎないことを示している．LD_{50} は化合物ごとに大きく異なり，農薬，医薬品，天然物といった分類（カテゴリー）に

> ●天然物なら安全？●
> 　タマネギはごくありふれた野菜で危険とは認識されていないだろうが，イヌ，ネコ，ヒツジ，ウマ等ではその成分（アリルジスルフィド）による中毒事例が多く報告されている．ペットを飼う人は，基本的に動物へタマネギを与えてはならない．タマネギ中毒のおもな毒性症状は溶血性貧血（赤血球が壊れる）と肝毒性であり，ラットを用いた実験ではタマネギの無毒性量（NOAEL）は 50 mg/kg/日と報告されている．これをもとに算出した ADI は 0.5 mg/kg/日で，体重 60 kg のヒトであれば 30 mg（みじん切りでひとかけ程度）が 1 日に摂取してもよい限界量となる．しかし実際には，ヒトはこの 1000 倍以上の量を一度に摂取しても重篤な健康影響を受けない．これは感受性の種差によるもので，哺乳類の中でヒトは例外的に低感受性である（化学品全般の ADI 設定時には感受性が高いという前提で計算を行う）．タマネギに限らず，バレイショ，ウメなど普通の野菜・果実であっても天然毒性成分を含むものが多く認められる．また，キャベツにはシニグリンやネオクロロゲン酸，セロリにはメトキシソラーレンやカフェ酸といったように，発がん性のある化合物が含まれる例も多く知られている．
> 　ビスフェノール A という化合物はその微弱な抗アンドロゲン活性から内分泌攪乱（いわゆる環境ホルモン）活性があるとされ，使用が制限されている．一方，ダイズはいわゆるファイトエストロゲンと呼ばれるフラボノイド類を含み，そのエストロゲン活性はビスフェノール A とは比べものにならないほど強い．摂取量も多いが，特に危険とは認識されず，骨粗鬆症予防（エストロゲン活性に由来する）のために積極的摂取が勧められる場合もある．「環境ホルモンが気になる方はダイズ製品の摂取を控えられるほうがよいと思います」などというと，昔から摂取してきた天然物と人工合成物は違うという声も聞こえてきそうだが，本文中でも述べたように，天然と合成を区別することに意味はない．先に述べた普通の野菜にも毒性成分が含まれることも考え合わせると，安全な食とはバランスよく食べること，つまり食品に由来するリスクの分散であるといえる．

基づき毒性を語ることは科学的に無意味である．

1.3.2　ヒトの農薬残留摂取の実態からみた安全性

　ヒトの農薬への曝露を考える際，最も普遍的な摂取経路は農作物に残留した農薬を経口的に摂取することであり，1.2.2 項で述べたとおり，農薬の残留基準値はその摂取量が ADI の 80％未満となるよう設定される．この評価の前提は，口にするすべての農産物が最大の残留を示す条件下（最大濃度で最高回数処理し，

最短の収穫前日数) で得られたものであり，このような農産物を一生涯にわたり摂取し続けるというものである．このように理論的にありえる最大の残留を見込んでもなお，ADI 未満になるように管理されているが，実際にどの程度の曝露があるかは，厚生労働省や農林水産省の調査事業で明らかにされている．表1.14 に，厚生労働省が行った食品中の残留農薬等検査結果，いわゆる市場モニタリングの概要を示す．これによれば，輸入品については，平成 25 (2013) 年度は 110 万件，平成 26 (2014) 年度には 85 万件の検査が実施され，検査全体に占める基準値超過の割合は，平成 25 年度は 0.010%，平成 26 年度は 0.018% と報告されている．また国産品については，平成 25 年度は 109 万件，平成 26 年度は 100 万件の検査が実施され，基準値超過の割合はともに 0.002% であったと報告されており，国産か輸入品かを問わず国内で流通している農産物の農薬残留実態は十分に低く管理されていることがうかがえる．また，農林水産省も国内で生産

表1.14 厚生労働省による食品中残留農薬モニタリング結果概要（平成 25～26 年度）

年度	検査数			残留基準値超過件数					
	国産	輸入	計	国産		輸入		計	
				件数	%	件数	%	件数	%
2013	1090795	1096633	2187428	19	0.002	109	0.010	128	0.006
2014	997218	849008	1846226	24	0.002	154	0.018	178	0.010

表1.15 国内産農産物の農薬残留実態調査：玄米（全 51 検体，農林水産省，平成 26 年度）

農薬	分析検体数	定量限界以上の結果		残留基準 (mg/kg)
		検出検体数	濃度範囲 (mg/kg)	
クロチアニジン	17	1	0.02	0.7
ジノテフラン	27	14	0.01～0.13	2
フェリムゾン	11	7	0.04～0.19	2
フサライド	17	1	0.02	1
ブプロフェジン	3	1	0.02	0.5
フルトラニル	3	1	0.11	2
プロモブチド	14	3	0.03	0.7

以下に示す化合物は分析対象としたが定量限界を超える検出例なし：アゾキシストロビン，イミダクロプリド，エトフェンプロックス，オキサジアゾン，オキサジクロメホン，カフェンストロール，キノクラミン，クロメプロップ，ジクロシメット，シハロホップブチル，ジメタメトリン，シメトリン，ダイムロン，チアメトキサム，チフルザミド，トリシクラゾール，ピリミノバックメチル，ピロキロン，フェニトロチオン，フェノブカルブ，ブタクロール，フルジオキソニル，プレチラクロール，ベンフレセート，メタラキシル，メフェナセット．

表 1.16 国内産農産物の農薬残留実態調査：レタス（全 49 検体，農林水産省，平成 26 年度）

農薬	分析検体数	定量限界以上の結果		残留基準 (mg/kg)
		検出検体数	濃度範囲 (mg/kg)	
アセフェート	8	1	0.13	5
アゾキシストロビン	14	2	0.02〜0.03	30
オキソニリック酸	22	1	0.03	5
クロチアニジン	31	4	0.01〜0.12	20
クロルフェナピル	9	2	0.05〜0.53	20
シアゾファミド	8	2	0.03〜0.08	10
ジエトフェンカルブ	6	1	0.41	5
ジノテフラン	6	2	0.01〜0.03	25
チアメトキサム	28	4	0.02〜0.09	3
トルクロホスメチル	5	1	0.02	2
ピリダリル	12	2	0.03〜0.32	20
フルベンジアミド	22	4	0.01〜0.58	15
プロシミドン	9	4	0.07〜1.8	5
メソミル	13	3	0.02〜0.07	5
メタミドホス	8	1	0.02	1

以下に示す化合物は分析対象としたが定量限界を超える検出例なし：アセタミプリド，イプロジオン，イミダクロプリド，インドキサカルブ，オキサミル，クロロタロニル，シハロトリン，ジメトモルフ，スピノサド，ダイアジノン，チオジカルブ，テフルトリン，トラロメトリン，トルフェンピラド，フェンバレレート，ブタミホス，フルバリネート，フルフェノクスロン，ペルメトリン，ペンディメタリン，ボスカリド，マラチオン，マンジプロパミド，メトキシフェノジド，ルフェヌロン．

された農産物についての残留農薬モニタリングを行っているが，その結果の一部を抜粋して**表 1.15** および**表 1.16** に示す．玄米とレタスのどちらにおいても，定量限界を超過する残留を認める検体は全検体の多くとも半数程度であり，また検出濃度も一部の例外を除けば残留基準値の 1/10 未満と微量である．この事実は，残留基準値を設定するために実施する作物残留試験の条件が十分機能していることを示している．複数の農薬を使用する慣行栽培による農産物でも，定量可能なレベルの農薬残留が認められないことが多い．

1.3.3 農薬の環境安全性
a. 環境中残留実態
1.2.5 項で示したとおり，農薬の環境安全性はその使用に基づく環境中濃度と

表 1.17 農薬残留対策総合調査において得られた河川水中農薬濃度（環境省，平成28年度農薬残留対策総合調査より抜粋）[15]

化合物	河川水中実測最高値 (μg/L)	環境中予測濃度 (PEC, μg/L)	登録保留基準値 (水産, μg/L)
キノクラミン	0.18	0.51	6.3
シメトリン	0.36	0.7146	6.2
フェントエート	0.058	0.069	0.077
ブタクロール	0.70	0.15	3.1
プレチラクロール	2.76	1.1	2.9
ブロモブチド	10.17	23	480
メフェナセット	0.50	18	32

環境生物に対する影響濃度に基づき評価される．多くの場合，農薬の環境中濃度はモデルを用いた推定値，すなわちPECを用いていることから，実際の環境中濃度とPECが乖離していないことを確認するため，環境省による農薬残留対策総合調査において環境モニタリングが実施されている．同省のウェブサイトには，2003（平成15）年以降の試験成績が収載されている．例えば2016（平成28）年度にはフェントエート，プレチラクロールほか8農薬についてのモニタリングが行われており，いずれの農薬についても河川水中濃度は水生生物に影響を及ぼすと想定される濃度（登録基準値）に達していないことが報告されている（表1.17）．また，一部の例外はあるものの，環境モニタリングにより得られた実測最高値がPECを下回っていることは，その算出手法・前提が十分保守的（安全側）にあることを示唆する．

b. 環境影響

信頼できる農薬の環境影響に関する実態調査結果は多くはない．例えば水田周囲の水系（用水路等）の生物相が貧弱となったことの原因を農薬に求める論調も聞かれるが，その原因はむしろ水路の3面張り（水路の左右，底面をコンクリート打ちで固めること），暗渠の設置による水田の乾田化，埋め立て・宅地化による周辺のため池，その他の湿地の減少が主因であるとの報告もある[16]．農薬登録に際しては代表種を用いた環境リスク評価が行われているが，リスク評価の充実を狙い，評価対象種の充実，曝露スキームの精緻化等が検討されており，またこれらのための基礎的調査結果等も公開されている[17]．

1.3.4 リスク管理の実際

安全性評価・管理の大原則はリスクを対象とすることにあり，ハザードレベルでの管理を考えてはならないことも明らかである．また，リスクを評価し，受容可能なレベルを定める際には，代償として得られる便益（ベネフィット）の大小，および代替リスク等についても考慮することが必要である．このようなリスク評価において，リスク回避や代替は別のリスクを生じさせるため，絶対にリスクはゼロにはならないことに注意が必要である．例えば，浅漬けを製造する際に殺菌のための次亜塩素酸ナトリウムを十分使用していなかったことが原因で，腸管出血性大腸菌 O157 による集団食中毒が発生した事例が報告されている[18]．保存料・殺菌剤などの食品添加物の健康リスクを嫌い，回避したことが，これらを使用しないことによる食中毒のリスクを増大させたと解釈できる．

先に述べたとおり，農薬のリスクを評価する際には，ヒト（消費者）の健康影響であれば，作物残留試験から得られる残留濃度に基づく曝露評価が，また環境安全性であれば PEC を用いた曝露評価がその根幹を成す．いずれの濃度も，その農薬が安全使用基準（good agricultural practice, GAP）に則って使用されることを前提とした上限濃度である．この上限濃度でもリスクが受容限度内であることが確認されているため，農薬のリスク管理は前提となった安全使用基準を遵守することで担保される．

1.3.5 基準値の意味するもの

1.2 節でも述べたとおり，例えば農薬の農産物における残留基準値は安全使用基準（適用作物，使用濃度・量，使用回数，収穫前日数）を守って使用した際に残留しうる最大濃度に基づき設定されており，さらにこの使用基準を順守して生産された農産物を食べても健康影響はないことを保証するよう設定されている．つまり，ある農薬の残留基準値は，その農薬の毒性値を反映した安全か危険かを判断するための基準ではなく，農産物の生産にあたってその農薬の使用方法が安全使用基準に従っていたことを確認するための管理基準である．すなわち，残留基準値を超過する残留は直接危険ということを意味せず，単に使用方法に錯誤（希釈率，収穫前日数，適用作物等の間違い）があったことを示すにすぎない．ある濃度レベルの残留が実際に危険かどうかを判断するには残留基準値を超過したか否かではなく，曝露量（＝残留濃度×食品摂取量）と ARfD を比較した評価が必要となる．算出された曝露量が ARfD を下回れば健康被害は想定されず，

危険ではないと結論できる．ここで，ADI と起こりうる曝露量の比較によるリスク評価は不要と断言してもよいだろう．ADI は「継続的に一生涯にわたり摂取」することを前提とした値であることを思いだせば，その理由は明らかである．つまり，ある農薬に関し，基準値を超過する残留農薬を含む農産物を「一生涯」にわたり「毎日摂取し続ける」ことは現実的にありえず，過剰に保守的な（安全側に偏った）評価なのである．

1.3.6 安全と安心

一般には「安心」と「安全」がまるで対を成すかのように並列的に用いられることが多いが，その違いは何だろうか．「安心」とは読んで字のごとく心が安らかな状態のことであり，きわめて主観的な精神状態を指す．一方，「安全」は客観的事実であり，リスクが許容範囲内に収まっている状態を意味すると定義できる．本来は，安全なものに不安をもたず危険なものには不安をもつ，すなわち「正しく怖がる」ことが必要と考えられる．しかし，現状では農薬に限らず放射線，疾病原因等のさまざまな分野で，正しく怖がることができていないのではなかろうか．正しく怖がらなかったために，真に危険ではないものへの対応に多大なコスト（時間・資源・資金・労力）が浪費されたり，その陰で真にリスクが高い＝危険なものが放置されたりすることや，複数ある選択肢から誤ってリスクの高いものを選択したりすることがあってはならない．

食にまつわるリスク全体の中で，残留農薬による健康被害のリスクはすでに十分に小さい．例えば 2010 年以降，細菌，ウイルス，自然毒等に起因する食中毒事故件数は年間概ね 1000 件前後を推移し，毎年死者も認められている．一方，残留農薬に起因する事故は発生していないことは認識されるべきである．とはいえ現状に満足せず，これからもリスクの高い農薬をよりリスクの低い（＝安全性の高い）もので代替する，あるいはリスクを管理できる使用法を開発する努力を継続する必要があることはいうまでもない．

引用・参考文献
1) 佐々木満他編：日本の農薬開発，日本農薬学会（2003）
2) 梅津憲治：農薬と人の健康―その安全性を考える―，日本植物防疫協会（1998）
3) 日本植物協会：農薬を使用しないで栽培した場合の病害虫等の被害に関する調査結果（1993.7.31）
4) 日本植物防疫協会：農薬要覧（2017）
5) 梅津憲治監修：農薬の創製研究の動向―安全で環境に優しい農薬開発の展開―，シーエムシー出版

(2018)
6) 本山直樹編：農薬学事典，朝倉書店（2001）
7) 松中昭一：日本における農薬の歴史，学会出版センター（2001）
8) 太田博樹：農薬産業技術の系統化調査（技術の系統化調査報告第 18 集），国立科学博物館（2013）
9) 日本植物防疫協会編：生物農薬ガイドブック，日本植物防疫協会（2002）
10) 小川欽也，ピーター・ウィツガル：フェロモン利用の害虫防除，農山漁村文化協会（2005）
11) 日本植物調節剤研究協会企画・編集：最新除草剤・生育調節剤解説，植調編集印刷事務所（2007）
12) 環境省：ストックホルム条約｜POPs（http://www.env.go.jp/chemi/pops/treaty.html，2018 年 8 月 7 日確認）
13) WHO：WHO gives indoor use of DDT a clean bill of health for controlling malaria（http://www.who.int/mediacentre/news/releases/2006/pr50/en/，2018 年 8 月 7 日確認）
14) 農林水産省消費・安全局長，環境省水・大気環境局長：住宅地等における農薬使用について（2013.4.26）（https://www.env.go.jp/water/noyaku/mat01.pdf，2018 年 8 月 7 日確認）
15) 環境省：河川における農薬濃度モニタリング調査の結果について（https://www.env.go.jp/water/dojo/noyaku/kasenchosa.html，2018 年 8 月 7 日確認）
16) 加藤保博，上路雅子：日本農薬学会誌，**26**，339-340（2001）
17) 環境省：農薬の環境影響調査業務報告書（http://www.env.go.jp/water/dojo/noyaku/ecol_risk/post_2.html，2018 年 8 月 7 日確認）
18) 厚生労働省：札幌市内の営業者が製造した浅漬による腸管出血性大腸菌 O157 食中毒事件の調査概要（中間報告）（2012.9.24）（http://www.mhlw.go.jp/stf/shingi/2r9852000002kxlb-att/2r9852000002kxqg.pdf，2018 年 8 月 7 日確認）

② 殺 虫 剤

　害虫は食害により物理的な傷害をもたらすのみならず，摂食（特に吸汁）を介して植物感染性ウイルスを媒介し，作物に甚大な被害をもたらす．殺虫剤には，こうした被害から農作物を守る役目とともに，カなどの吸血昆虫が媒介する感染症からヒトや家畜を守る役目もある．

　殺虫剤抵抗性対策委員会（IRAC）によると，巻末付表のように殺虫剤の作用機構は不明のものを除き 29 種類に分類されるが，現在では神経系に作用し迅速に効果が現れる薬剤が大部分を占める．一方，神経系はヒトを含む哺乳動物にも存在することから，より高い選択性を求めて，昆虫独自の脱皮・変態過程をターゲットとする薬剤も開発されてきた．さらに近年では昆虫の筋肉収縮機構や行動制御機構を対象とする新しい薬剤も登場している．以下，本章ではこれらの作用機構を，それぞれ殺虫剤の化学的な特性と関連づけながら解説する．

　なお IRAC の作用機構分類は，植食性のダニ（ハダニ類）を防除する薬剤も含んでいる．ハダニは短期間で卵→幼虫→若虫→成虫→卵のサイクルにより増殖し，単為生殖するため抵抗性を獲得しやすく，使用には殺虫剤以上に十分な注意が求められる．しかしハダニ類は同じ節足動物であってもクモ綱ダニ目に属し，昆虫ではない．ハダニは昆虫に近くても昆虫とは別の生き物であるため，殺虫剤がハダニには効かない（またはその逆の）例は多い．殺ダニ剤については，Web 上の補遺（http://www.asakura.co.jp/G_27_2.php?id=395）に記載しているのでそちらを参照されたい．

2.1 神経系に作用する薬剤

　上述のように，神経作用性殺虫剤は速やかに効果を発揮するのが利点である．ここではまず対象となる神経系の機能について解説する．

2.1.1 神経系における情報伝達のしくみ

　神経系は運動神経と感覚神経からなり，前者は動物の動きを，後者は環境因子

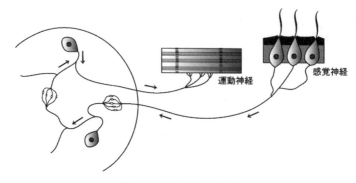

図 2.1　運動神経と感覚神経
運動神経は中枢からの信号を筋肉に伝え，感覚神経は感覚器官からの信号を中枢に伝える．

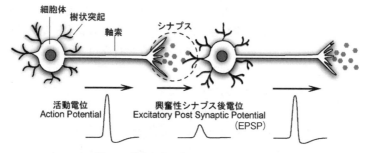

図 2.2　神経細胞の構造と信号の伝わり方
神経細胞は樹状突起をもつ細胞体とそこからコード状に伸びた軸索からなる．軸索では活動電位（action potential）が信号を伝えるのに対して，点線で囲んだ神経細胞どうしのつなぎ目シナプスでは神経伝達物質が信号を伝え，興奮性シナプス後電位（EPSP）が発生する．

（嗅覚，味覚，聴覚，痛覚，温度，浸透圧など）の変化を中枢に伝える役割をもつ（**図 2.1**）．神経系を構成する神経細胞（ニューロン）は通常の細胞とは異なる形状をもち，細胞体とそこを起点として伸びる軸索からなる（**図 2.2**）．細胞体から隣接する神経細胞の末端（神経終末）に向けて複数の樹状突起が伸び，神経細胞間の連絡構造（シナプス）が形成される．軸索では活動電位（action potential）と呼ばれる電気パルスにより信号が送られる（興奮伝導）．それに対して，シナプスでは神経伝達物質により信号が送られ，それを受け取ったイオンチャネル型受容体やGタンパク質共役型受容体が，それぞれ直接および間接的に活動電位の発生を駆動・調節する（シナプス伝達）．これらの興奮伝導とシナプス伝達はいずれも殺虫剤の標的となっている．

シナプス伝達は，そのシグナルを受け取った細胞に興奮を伝えるものと，受け取った細胞の興奮を抑えるものがある．そのうちアセチルコリンが神経伝達物質として働く興奮性のシナプスでは，興奮を伝える側の神経細胞の末端（シナプス前膜と呼ぶ）から放出されたアセチルコリンを受け取る側の神経細胞の膜（シナプス後膜と呼ぶ）に存在する受容体に結合することで静止膜電位が脱分極して，興奮性シナプス後電位（excitatory post synaptic potential, EPSP）が発生する．EPSPが閾値を超えると，新たに活動電位が発生する．このメカニズムの詳細については後述する．

a. 静止電位と活動電位

神経生理学の分野では，膜電位（membrane potential, MP）とは細胞外に対する細胞内の電位を指す（図2.3）．膜電位は，膜の外側と内側に分布する陽イオンと陰イオンの分布によって作り出される．正電荷をもつイオンXを選択的に透過する膜によって，異なる濃度でXを含む溶液が隔てられている場合を考えよう．膜をはさんで濃度差が保たれている状況では，イオンXが濃度勾配に従って高濃度溶液から低濃度溶液に移動しようとするのに対して，濃度差により低濃度側が正になるような電位が発生し，イオンXは移動しにくくなるため見かけ上膜を透過するイオンの流れがゼロになる．このときの膜電位はネルンストの式（2.1）により求められる．

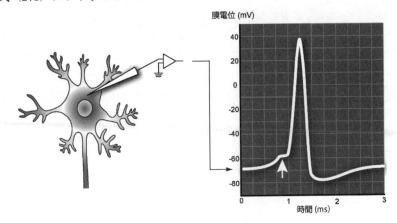

図2.3 静止電位と活動電位
細胞に刺入した電極による神経細胞の膜電位（細胞外に対する細胞内電位）の測定（左）と活動電位（右）．静止状態の神経細胞は負の電位をもつが，閾値を超える電気パルス（右図矢印）を加えると，ミリ秒単位で−から＋へと一過性に変化する活動電位が発生する．

$$V_m = \frac{RT}{zF} \ln \frac{[\mathrm{X}]_{\text{高濃度側}}}{[\mathrm{X}]_{\text{低濃度側}}} \qquad (2.1)$$

式 (2.1) において，V_m は膜電位，F はファラデー定数，R は気体定数，T は絶対温度を表す．また，z は X の電荷の価数で，ln は自然対数である．

この単純な系より神経細胞は少し複雑で，膜は複数のイオンに対して透過性をもち，それぞれのイオンについて細胞内外で濃度勾配がある．つまり，神経細胞を一定温度と圧力で保つと，特定のイオンを選択的に透過する膜の例で示したように，細胞外から細胞内へと流れるイオンと細胞内から細胞外へのイオンの流れがつり合う平衡状態に到達し，膜電位が発生する．特に閾値を超える電気パルスを加えたときに起こる，負から正に変化する一過的な膜電位変化を活動電位という（図 2.3）．膜にはナトリウムイオンやカリウムイオンを選択的に透過するイオンチャネルがある．ATP を駆動力として働く $\mathrm{Na^+/K^+}$-ATP アーゼ（$\mathrm{Na^+/K^+}$ ポンプ）は，細胞外ではナトリウムイオン濃度が，細胞内ではカリウムイオンの濃度が高くなるように保つ役割を果たしている．

このことをふまえて Goldman, Hodgkin（1963 年ノーベル医学・生理学賞受賞），Katz（1970 年ノーベル医学・生理学賞受賞）の 3 人は，膜を挟む電位勾配は一定と仮定して，膜電位が Goldman-Hodgkin-Katz（GHK）の式（2.2）で与えられることを示した．

$$V_m = \frac{RT}{F} \ln \frac{P_{\mathrm{Na}}[\mathrm{Na^+}]_o + P_{\mathrm{K}}[\mathrm{K^+}]_o + P_{\mathrm{Cl}}[\mathrm{Cl^-}]_i}{P_{\mathrm{Na}}[\mathrm{Na^+}]_i + P_{\mathrm{K}}[\mathrm{K^+}]_i + P_{\mathrm{Cl}}[\mathrm{Cl^-}]_o} \qquad (2.2)$$

式 (2.2) において P_{Na}, P_{K} および P_{Cl} はそれぞれナトリウム，カリウムおよび塩素イオンに対する透過係数を表す．また，それぞれのイオンの濃度に付した o は膜の外側を，i は膜の内側を示す．後述する塩素チャネル類が発現していない神経膜では静止状態のとき，膜電位依存性ナトリウムチャネル（$\mathrm{Na_V}$）は閉じている確率が高いため，膜電位は膜電位依存性カリウムチャネル（$\mathrm{K_V}$）を介したカリウムイオンの透過性により与えられる．すなわち式 (2.2) で $P_{\mathrm{K}} \gg P_{\mathrm{Na}}, P_{\mathrm{Cl}}$ とすると，膜電位はカリウムイオンを対象とするネルンストの式（2.3）に近似される．

$$V_m = \frac{RT}{F} \ln \frac{[\mathrm{K}]_o}{[\mathrm{K}]_i} \qquad (2.3)$$

カリウムイオン濃度は神経細胞の外側よりも内側の方が高いので V_m は負の値になる．例えば神経の細胞の外側と内側のカリウムイオン濃度をそれぞれ 5 mM

および100 mMとすると，膜電位はおよそ $-76\,\mathrm{mV}$ となる．

神経細胞に一過的に，閾値を超えるゼロ電位方向に変化（脱分極変化）する電気パルスを与えると，$\mathrm{Na_V}$が活性化し膜のナトリウムイオン透過性が一挙に上昇するため$P_\mathrm{Na} \gg P_\mathrm{K}, P_\mathrm{Cl}$となる．このときGHK式はナトリウムイオン平衡電位を表す式 (2.4) に近似される．

$$V_m = \frac{RT}{F} \ln \frac{[\mathrm{Na}]_\mathrm{o}}{[\mathrm{Na}]_\mathrm{i}} \tag{2.4}$$

カリウムイオンとは対照的に，ナトリウムイオン濃度は細胞内に比べて細胞外の方が高いため，V_mは正の値をとる．活動電位の発生を細胞内に＋の記号をつけて表すのはこのためである．またこの式は，活動電位がナトリウム平衡電位を超えることはないことを示している．その大きさは細胞内外のナトリウムイオン濃度をそれぞれ15および150 mMとすると，式 (2.4) からおよそ $+48\,\mathrm{mV}$ と求められる．

活動電位はピークを過ぎると，$\mathrm{Na_V}$の不活性化が起こるとともに$\mathrm{K_V}$の活性化が起こり，静止電位に戻る（図2.3）．このような一過的な活動電位の変化は，1ミリ秒程度の短い時間で起こる．活動電位発生直後，$\mathrm{Na_V}$は不活性化されかつ$\mathrm{K_V}$が活性化され脱分極が起こらないため，神経細胞にいくら電気刺激を与えても活動電位は発生しない．この現象を不応期といい，それを過ぎると$\mathrm{Na_V}$は再び活動電位を発生できるようになる（図2.3）．

b. 活動電位の伝搬

活動電位は，軸索の中央で発生させると細胞体と神経終末のどちらにも進むことができる両極性を示すが，シナプス伝達の方向により細胞体から神経終末に向けて進行するように定められている．また，活動電位はいったん進み始めると，不応期があるため後戻りしない．

神経には髄鞘（ミエリン鞘）をもたない無髄神経と髄鞘をもつ有髄神経がある（図2.4）．高等動物では自律神経系は無髄神経で，運動・感覚神経系は有髄神経である．それに対して昆虫では無髄神経が多い．髄鞘はグリア細胞により形成され，中枢神経系ではオリゴデンドロサイトとして，末梢神経系ではシュワン細胞として軸索を包む．隣り合う髄鞘間のくびれはランビエ絞輪と呼ばれ，そこに$\mathrm{Na_V}$と$\mathrm{K_V}$が集中する．髄鞘は絶縁体のように作用し，活動電位はランビエ絞輪ごとに飛び飛びに伝導する．これを跳躍伝導という．

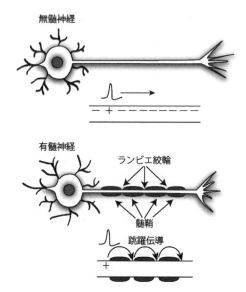

図 2.4 無髄神経と有髄神経での活動電位の伝導

　無髄神経細胞での活動電位の伝導速度は数 m/s 程度で，軸索の径を d とすると $\sqrt{d}$ に比例する．それに対して有髄神経での跳躍伝導速度は d に比例し，数十 m/s と無髄神経に比べて速く，ときには 100 m/s にも達する．昆虫は胸部神経節に運動系を集中させるなどして情報の統合を簡素化し，無髄神経に基づく伝導速度の遅さを補っている．

c. シナプスにおける情報伝達

　一般に細胞外の Ca^{2+} イオンが 10^{-3} M のオーダーで存在するのに対して，細胞内の Ca^{2+} イオン濃度は 10^{-7} M 程度に保たれている．活動電位が神経終末に到達して膜が脱分極すると，シナプス前膜のアクティブゾーンと呼ばれる領域に連結された膜電位依存性カルシウムチャネルが開き，細胞内に Ca^{2+} イオンが流入する．これが刺激となり神経伝達物質を包んだシナプス小胞（ベシクル）がアクティブゾーンへと移動し，シナプス前膜と融合することによってシナプス間隙に神経伝達物質が放出される（**図 2.5**）．神経伝達物質を放出したベシクルは速やかに細胞内に戻り，ベシクル内外のプロトン濃度勾配を駆動力として働くトランスポーターにより神経伝達物質を再充填する．別のベシクルはエンドソームとの融合・分離を経て伝達物質を取り込む（図 2.5）．

2.1 神経系に作用する薬剤

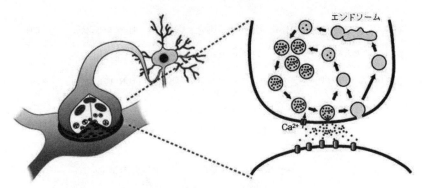

図 2.5 シナプスを形成する神経細胞（左）と神経伝達物質の放出（右）
シナプス小胞（ベシクル）がシナプス前膜と融合し神経伝達物質が放出される．その後ベシクルは細胞質に戻り神経伝達物質を取り込む．

◆神経伝達物質の分泌のしくみ◆
　細胞内 Ca^{2+} イオン濃度の上昇を感知してベシクルがシナプス前膜と融合し，神経伝達物質が放出される過程の中で，Ca^{2+} イオン濃度の上昇からベシクルがアクティブゾーンに移動するしくみについては不明な点が多い．それに対して，ベシクルがシナプス前膜に融合する過程については理解が進んでいる．すなわち，ベシクルが SNAP receptor（SNARE）と呼ばれるシナプトブレビン，synaptosomal-associated protein with 25-kDa（SNAP-25）およびシンタキシンの3種のタンパク質複合体の形成を駆動力としてシナプス前膜と融合することにより，神経伝達物質が放出されることで起こる（図2.6）．その解明にはメタロプロテアーゼ活性をもつ破傷風毒素とボツリヌス毒素が貢献した．破傷風毒素とボツリヌス毒素B，D，EおよびGはシナプトブレビンを，ボツリヌス毒素AとEはSNAP-25 を，ボツリヌス毒素C は SNAP-25 とシンタキシンをそれぞれ分解することがわかり，神経伝達物質分泌の謎の一端が解かれた．

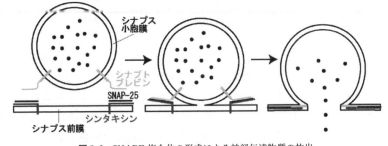

図 2.6 SNARE 複合体の形成による神経伝達物質の放出

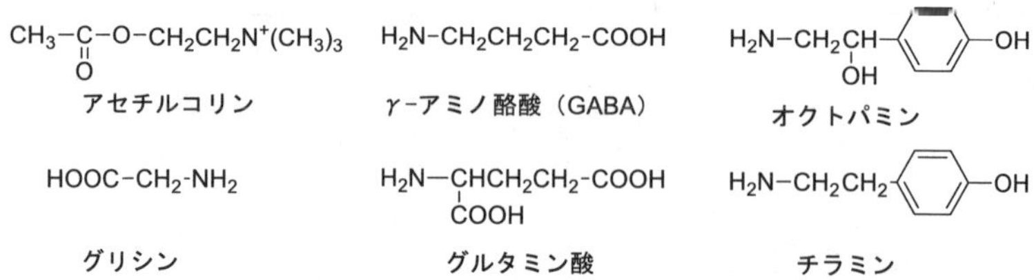

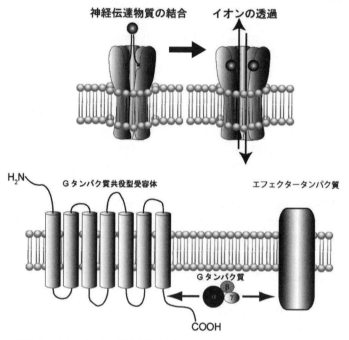

図 2.7 神経伝達物質の例

図 2.8 イオンチャネル型受容体（上）とGタンパク質共役型受容体（下）

　神経伝達物質には，アミノ酸，その誘導体あるいはペプチドとさまざまなものがある（**図 2.7**）．シナプスに放出された神経伝達物質がイオンチャネル型受容体（ionotropic receptor, IR）に結合すると受容体自体がイオンを透過し，膜電位変化が起こる（**図 2.8** 上）．ニコチン性アセチルコリン受容体をはじめとする興奮性の IR は正電荷をもつカチオンを透過し，静止膜の脱分極を引き起こすのに対して，γ-アミノ酪酸（GABA）受容体をはじめとする抑制性の IR は負電荷

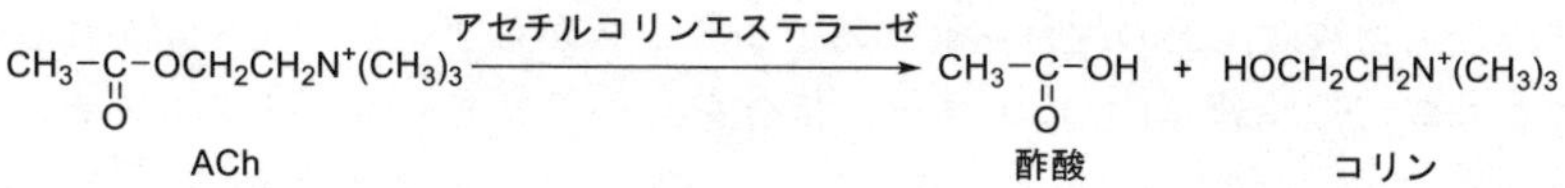

CH₃-C(=O)-OCH₂CH₂N⁺(CH₃)₃ —アセチルコリンエステラーゼ→ CH₃-C(=O)-OH + HOCH₂CH₂N⁺(CH₃)₃
ACh   酢酸   コリン

図 2.9 アセチルコリンエステラーゼによる ACh の加水分解

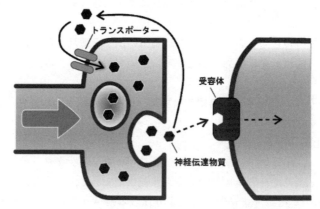

図 2.10 トランスポーターによるシナプス内神経伝達物質の調節

活動電位（矢印）が神経終末に到達すると，シナプス小胞から神経伝達物質が放出される．シナプス伝達に使用されない神経伝達物質はトランスポーターによりシナプス前細胞に再吸収される．

もつ塩素イオンを透過し，興奮性 IR の活性化により引き起こされる膜の脱分極を抑える．

　アセチルコリン（ACh），GABA，グルタミン酸のような神経伝達物質は G タンパク質共役型受容体（G-protein coupled receptor, GPCR）にも結合し，近くに存在するエフェクタータンパク質を活性化または抑制する（**図 2.8 下**）．エフェクタータンパク質としては酵素やイオンチャネルがあり，ホスホリパーゼ C やアデニル酸シクラーゼが酵素の代表例である．ホスホリパーゼ C が活性化すると，細胞膜のホスファチジルイノシトール二リン酸を加水分解し，ジアシルグリセロール（DAG）とイノシトール三リン酸（IP3）が生成する．DAG はプロテインキナーゼ C を活性化し，IP3 は IP3 受容体に結合することで細胞質のカルシウムイオン濃度を上げる．これに対してアデニル酸シクラーゼが活性化されると ATP から cAMP がつくられ，プロテインキナーゼ A が活性化される．このように，神経伝達物質が GPCR に結合すると，細胞内でカスケード状にさまざまな反応が引きおこされる．

神経伝達物質は，その役目を終えるとシナプスから速やかに取り除かれる．代表的な神経伝達物質 ACh はエステル結合をもち，アセチルコリンエステラーゼにより酢酸とコリンに加水分解される（図 2.9）．エステル結合をもたない GABA やグルタミン酸のシナプスでの濃度は，トランスポーターと呼ばれる輸送タンパク質により神経細胞やグリア細胞に再吸収されることにより調節される（図 2.10）．

以上の神経系のしくみをふまえ，神経刺激の伝導を撹乱する化合物およびシナプスにおける情報伝達を撹乱する化合物について順次解説する．

2.1.2 ナトリウムチャネルに作用する薬剤（IRAC 分類 3, 22）—神経刺激の伝導の撹乱

a. 天然ピレトリン

ピレトリン（あるいはピレスリン）はシロバナムシヨケギク（通称「除虫菊」，*Tanecetum cinerariifolium*）がつくる天然殺虫剤である．除虫菊が日本に最初に伝えられたのは 1886 年であり，古来より伝わる蚊遣りをヒントに渦巻き状の蚊取り線香として商品開発された．第二次世界大戦後，除虫菊は日本では表舞台から姿を消したが，需要は続き，現在はオーストラリア，ルワンダ，ケニア，中国などで戦前を上回るペースで栽培されている．

ピレトリンはエステル結合をもち，その酸部は菊酸，アルコール部はレスロロンと呼ばれる．菊酸にはジメチルビニル構造をもつ第 1 菊酸（または菊酸）とその 1 つのメチル基がメトキシカルボニル基に変換された第 2 菊酸（またはピレトリン酸）がある（図 2.11 の R_1）．一方アルコール部は側鎖末端の構造の違いにより，ピレスロロン，シネロロン，ジャスモロロンと呼ばれる（図 2.11 の R_2）．これらの酸とアルコールがエステル結合し，計 6 種のピレトリンが除虫菊で生合成され，ピレトリン I / II＞シネリン I / II＞ジャスモリン I / II の順で花（子房）や葉に蓄積される．

第 1 菊酸のエステル類は第 2 菊酸のエステル類より高い殺虫活性を示すのに対して，昆虫を「短時間で」痙攣・麻痺させる活性（ノックダウン活性）ではその順序が逆転する．また，酸部のシクロプロパン環 1 位の炭素が R 配置をもち，アルコール部のヒドロキシ基が結合した炭素が S 配置をもつことが，高い殺虫・ノックダウン活性の発現に必須である．

除虫菊でのピレトリン生合成は酸部とアルコール部とで異なる経路で進み，エ

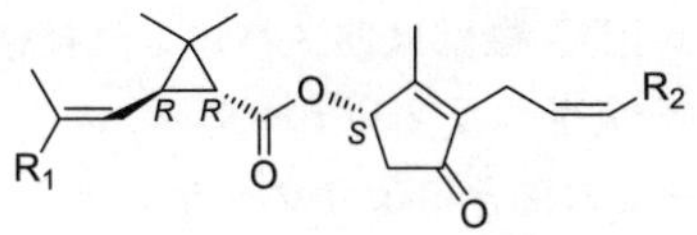

2.1 神経系に作用する薬剤

R₁	R₂	
CH₃-	-CH=CH₂	ピレトリンI
	-CH₂CH₃	ジャスモリンI
	-CH₃	シネリンI
CH₃OCO-	-CH=CH₂	ピレトリンII
	-CH₂CH₃	ジャスモリンII
	-CH₃	シネリンII

図 2.11 天然ピレトリン類

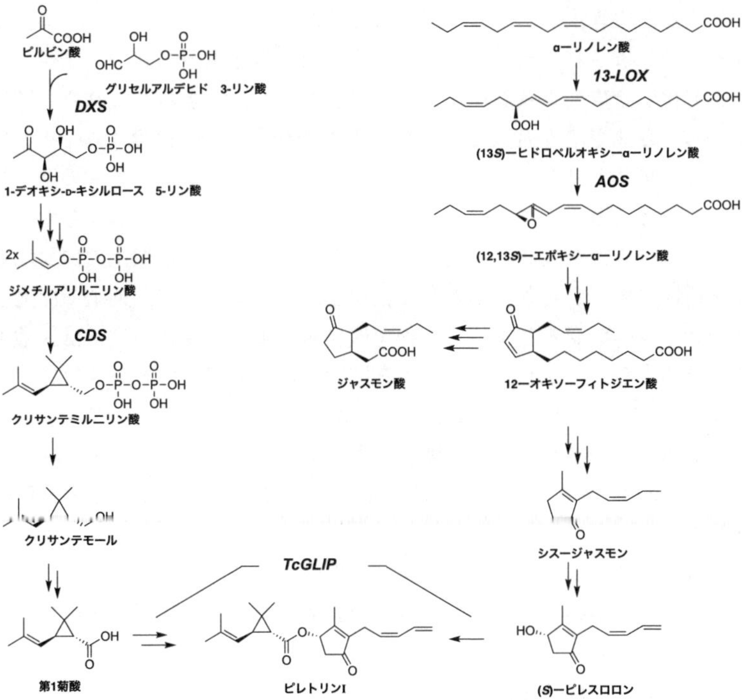

図 2.12 ピレトリンの推定生合成経路[1,2)]

DXS：1-デオキシ-D-キシルロース 5-リン酸シンターゼ，*CDS*：クリサンテミル二リン酸シンターゼ，*13-LOX*：13-リポキシゲナーゼ，*AOS*：アレンオキシドシンターゼ，*TcGLIP*：*Tanacetum cinerariifolium* GDSL リパーゼ/エステラーゼ．

ステル化で終結する（図 2.12）．酸部は非メバロン酸経路（MEP 経路とも呼ばれる；4.5.2 項参照）で生合成された 2 分子のジメチルアリル二リン酸がクリサンテミル二リン酸シンターゼの働きによりクリサンテミル二リン酸へと変換され，加水分解されることでクリサンテモールになる．これが酸化され，第 1 菊酸ができる．一方アルコール部は，α-リノレン酸を原料としてオキシリピン経路によりつくられる．その経路は植物ホルモンであるジャスモン酸に類似するが，12-オキソ-フィトジエン酸以降は異なり，シス-ジャスモンを経由すると推定されている．最後のエステル化は GDSL リパーゼ/エステラーゼのアシル基転移反応により触媒される（図 2.12）．

b. 合成ピレスロイドの開発[3]

ピレトリンは短時間で飛翔昆虫を墜落させるノックダウン活性にすぐれ，カをはじめとする衛生害虫の防除に使用されてきた．しかし，ピレトリンは光や酸素により容易に分解される．また天然から得るための除虫菊の栽培は気候に影響され，一方で化学合成により生産するには経費がかかりすぎる．これらの問題を解決するため，さまざまな合成ピレスロイドが開発された（図 2.13）．その皮切りとなったのがアレトリン（アレスリン）である．合成ピレスロイドの開発における日本の貢献は大きく，プロパルギル基をアルコール部側鎖に導入したプラレトリンやアルコール部を大胆に改変したテトラメトリンは，飛翔昆虫に対するノックダウン活性にすぐれた殺虫剤として使用されている．一方，英国で開発された 3-フリルメチルベンジルアルコールの菊酸エステル・レスメトリンは，強力な殺虫活性を発揮する．しかし，農業害虫を防除するため野外でピレスロイドを使用するにはさらに光安定性を付与する工夫が必要であった．その突破口はメタ-フェノキシベンジルアルコールの開発により切り拓かれ，さらにアルコール部を α-シアノ-メタ-フェノキシベンジルアルコールに改変することで農業用殺虫剤が生まれた．

菊酸の特徴であるシクロプロパン環は活性に必須と考えられていた．その中で試みられたのが末端のジメチルビニル部の改変である．ジクロロビニル構造をもつペルメトリン，サイパーメトリンおよびジブロモビニル構造をもつデルタメトリンが開発された（図 2.13）．デルタメトリンはピレスロイドの中で最強の活性を示し，ヨーロッパで最も作物保護に使用されている．

またその後の構造展開により，シクロプロパン環自身もピレスロイドにおいて必須ではないことが明らかになった．そのことは，α 置換フェニル酢酸を酸部と

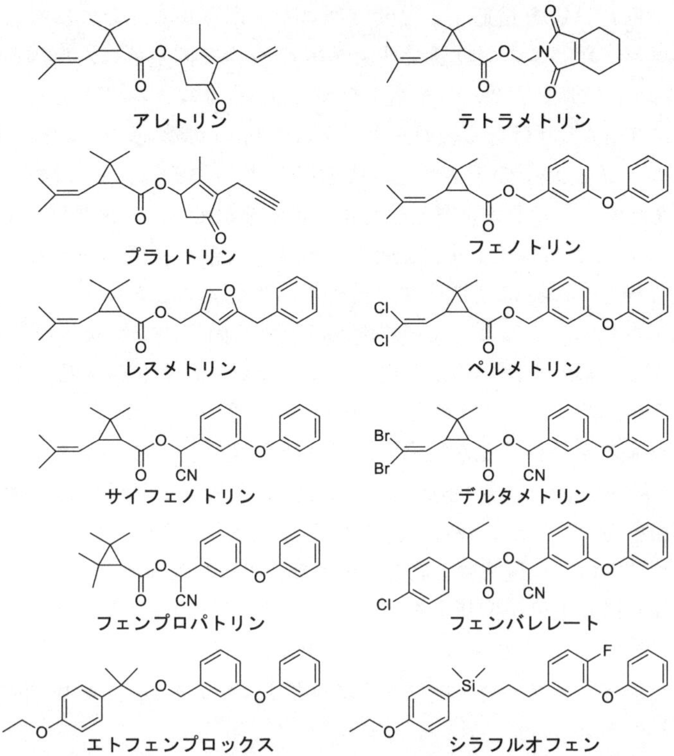

2.1 神経系に作用する薬剤

アレトリン テトラメトリン
プラレトリン フェノトリン
レスメトリン ペルメトリン
サイフェノトリン デルタメトリン
フェンプロパトリン フェンバレレート
エトフェンプロックス シラフルオフェン

図 2.13 合成ピレスロイド[3]

してもつフェンバレレートの開発により証明された．フェンバレレートは酸部に1つの不斉炭素をもつ（図 2.13）．フェンバレレートの殺虫活性は，酸部・アルコール部とも不斉炭素が S 配置をもつ立体異性体が担う．

さらにピレスロイドの特徴と思われたエステル構造も必須でないことが，エーテル構造をもつエトフェンプロックスとシラン構造をもつシラフルオフェンの開発により示された（図 2.13）．またこの2つの化合物は，従来のピレスロイドに比べて魚毒性が低く，水系に流出しても水棲生物に対する影響が小さいため，水田用の殺虫剤として使用できる点も大きな特徴である．

c. ピレスロイドの作用機構

ピレスロイドは活動電位の発生で中心的役割を果たす Na_V を標的とする（図 2.14）．動物の Na_V は，6回膜貫通構造をもつリピート4つからなる α サブユ

ニットと1回だけ膜を貫通するβサブユニットからなる．それに対して昆虫では，ショウジョウバエの温度感受性変異体 *para* から同定された原因遺伝子産物 Para Na$_V$ だけがナトリウムチャネルをつくり，βサブユニットをもたない．そのかわりに TipE と呼ばれる補助タンパク質が Para の機能的発現を促進する．

ピレスロイドは Na$_V$ の不活性化過程を遅らせ，活動電位の下降相に脱分極性後電位を誘起する．これが活動電位発生の閾値を超えると反復興奮が生じる（図 2.15A）．またピレスロイドを高濃度で処理すると静止状態にある神経細胞膜が徐々に脱分極し，Na$_V$ は活性化する前に不活性化することにより，活動電位の発生が抑制される．このような神経活性は膜電位固定法で記録される Na$^+$ 電流の変化によって詳しく調べることができる．ピレスロイドが作用すると Na$^+$ 電流の不活性化が遅れるため残存電流が観測され，脱分極パルスを切った後もゆっくりと減衰するテール電流が観察される（図 2.15B）．パッチクランプ法の1つであるシングルチャネル記録法を用いると，ピレスロイドが Na$_V$ の開時間を延長する作用をもつことがわかる（図 2.15C）．

ピレスロイドは，反復興奮を誘起する大部分のピレスロイド（タイプI）と，膜を脱分極し活動電位を抑制するピレスロイド（タイプII）に分類されている．α-シアノ-メタ-フェノキシベンジルエステル構造をもつピレスロイドはタイプIIの作用を示すが，フェンプロパトリンのようにタイプIとIIの中間の神経活性を示す例外もある．

タイプIピレスロイドとIIピレスロイドとでは動物での中毒症状の現れ方にも

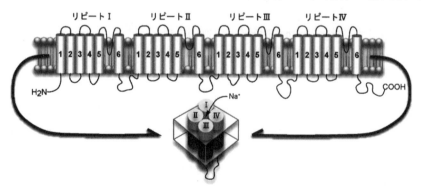

図 2.14 リンカーでつながれた4つのリピートからなる昆虫の Na$_V$
それぞれのリピートは6つの膜貫通セグメント（S1-S6）からなる．S4 は膜電位センサーとして，S4-S5 リンカーはチャネル内壁として働く．

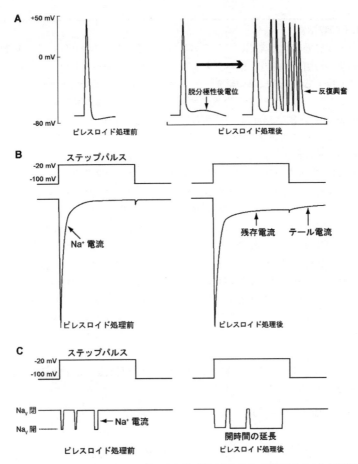

図2.15 ピレスロイドにより誘起される反復興奮と膜電位固定条件下で観測される Na^+ 電流に対するピレスロイドの作用の模式図[4]
A：ピレスロイドにより引きおこされる活動電位の変化，B：ピレスロイドにより引きおこされる全細胞 Na^+ 電流と，C：単一 Na_V を流れる Na^+ 電流の変化．横軸は，A：活動電位1つが1ミリ秒程度，B，C：ステップパルス1つは5〜20ミリ秒程度．

ちがいがあり，タイプⅠピレスロイドは激しい痙攣症状（tremor（T）syndrome）を引きおこすのに対して，タイプⅡピレスロイドは唾液を流しよろめきながら歩行する症状（choreoathetosis and salivation（CS）syndrome）を引きおこす．

d. ピレスロイドの選択毒性のメカニズム

昆虫の Na_V のピレスロイド感受性は哺乳類の Na_V よりも高い．このような標

●DDTの物語●

　化学合成農薬時代の先駆けとして第1章でも紹介したDDTは，第二次世界大戦が始まった頃，有機リン剤パラチオンとほぼ同時に発見された．もともとは毛織物に使用する防虫性染料の研究がきっかけとされる．当時使用されていたオイランCNには太陽光に当たると変色する欠点があり，この問題をガイギー社のMüllerがミチンFFで解決した．さらにMüllerは，ミチンFFのp, p'-ジクロロジフェニルエーテル構造を念頭に，1874年Zeidlerにより合成されていたDDTを試験し，それがすぐれた殺虫活性を示すことを見いだした．

　DDTは農業害虫のみならず，ノミ，シラミ，カなどの衛生害虫の駆除にも使用された．特にマラリアが猛威をふるっていたスリランカでは，その撲滅を目指して1946年からDDTが使われ始め，使用開始時に250万人だった患者数は1963年には17人にまで減少した．このように衛生害虫が媒介する伝染病の低減に対する貢献が評価され，1948年Müllerはノーベル医学・生理学賞を受賞した．

　しかし，1962年Carsonの"Silent Spring"（『沈黙の春』）の出版を機に有機塩素系殺虫剤の残留性・毒性が問題視されるようになり，DDTの使用も禁じられた．それ以来マラリア患者数は増加に転じ，DDTのかわりにピレスロイドが使用されるようになった．ところが，ピレスロイド抵抗性がハマダラカに発達して効果が低下すると，2007年，WHOは室内の壁へのスプレーに限りDDTの使用を許可した．

　DDTはピレスロイドと同様にNa_Vの不活性化を遅延し，活動電位の連続発火（反復興奮）を誘起する．

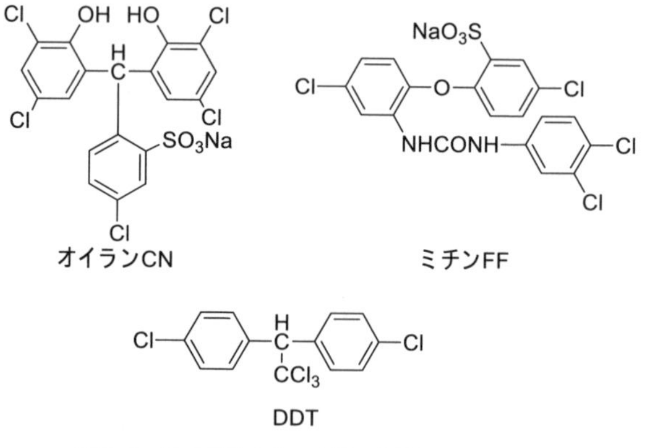

図2.16　防虫活性をもつ衣服の染料とDDTの開発

的レベルでのピレスロイド感受性に加えて,神経活性の負の温度依存性も選択毒性の原因として指摘されている.これらの化合物の反復興奮活性の閾値は温度を下げるほど下がる.私たちヒトは恒温動物であるのに対して昆虫は変温動物であることも,ピレスロイドの昆虫選択性に寄与している.

e. インドキサカルブとその代謝物 DCJW（IRAC 分類 20）

インドキサカルブは,オキサジアジン構造をもつ殺虫剤であり,1つの不斉炭素をもち,S 体が活性を担う.N-デカルボメトキシ体に代謝されて DCJW となることにより,活性を発揮する（図 2.17）.

DCJW はピレスロイドとは異なり,Na_V を不活性化状態に保持することにより活動電位の発生を抑制する.Na_V に対する作用において DCJW は局所麻酔薬リドカインと拮抗することから,両者は本チャネル内で同じ部位に結合すると考えられている.

f. ピレスロイド・インドキサカルブ抵抗性をもたらす Nav の変異

ピレスロイドやインドキサカルブに対する抵抗性は,酸化代謝の亢進のみならず Na_V の変異によっても生じる.Na_V の変異によるピレスロイド抵抗性の原因は,ピレスロイド処理でもノックダウンしなくなった *knockdown resistant* (*kdr*) 系統の *para* 遺伝子を調べることで明らかにされた.最初に同定されたピレスロイド抵抗性をもたらす Na_V の変異は,Para の第 2 リピート S6 の L1014F 変異である（図 2.18）.*kdr* よりもさらにピレスロイド抵抗性が発達した *super*

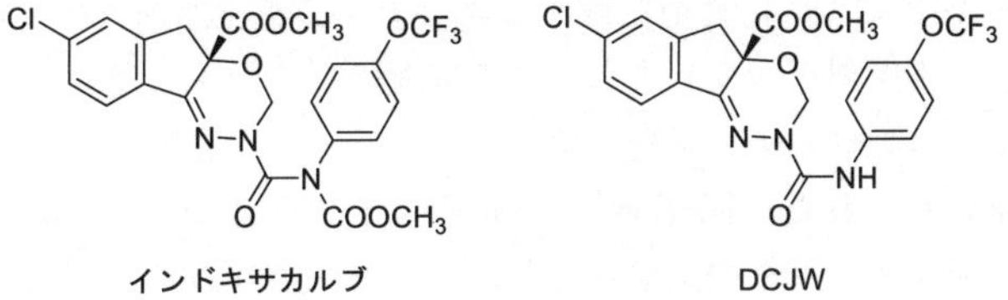

図 2.17 インドキサカルブと DCJW

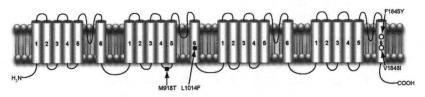

図 2.18 殺虫剤抵抗性をもたらす Para の変異[5]
■：ピレスロイド抵抗性をもたらす変異,○：インドキサカルブ抵抗性をもたらす変異.

kdr 系統では Para に M918T 変異も生じていることが見いだされている（図 2.18）．インドキサカルブ抵抗性をもたらす Para の変異も同定されている．その位置はリピートⅣのセグメント 6（F1845Y と V1848I）であり，ピレスロイド抵抗性に関わるアミノ酸の変異とは重ならない．この事実は，Para に対する両殺虫剤の作用機構が異なることを支持する．

2.1.3 ニコチン性アセチルコリン受容体に作用する薬剤（IRAC 分類 4, 5, 14）
　　　―シナプス情報伝達の攪乱（1）
a. ネオニコチノイド（IRAC 分類 4）

　ネオニコチノイドの名称は，タバコに含まれるアルカロイド化合物のニコチンとその一連の類縁化合物（ニコチノイド）に由来する．ニコチンはアセチルコリン受容体（AChR）を標的とし，古くから害虫防除に使用された．AChR にはニコチンによって活性化されるものとムスカリン（キノコ毒として知られる）によって活性化されるものの 2 種類があり，前者をニコチン性アセチルコリン受容体（nAChR），後者をムスカリン性アセチルコリン受容体（mAChR）として区別している．nAChR はヒトと昆虫の神経系に共通する IR で，ニコチンは哺乳動物に対しても高い毒性を示すため，わが国では現在農薬として使用されていない．

　1940 年代に化学合成農薬の使用が始まり，その後有機リン剤やピレスロイドが主流となった頃は，哺乳動物に対するニコチンの毒性もあって，nAChR を標的とする新しい殺虫剤を開発しようとする気運は高くなかった．その中で，従来の殺虫剤にないニトロメチレン構造をもつニチアジンが昆虫に対して選択毒性を示すことが見いだされた（**図 2.19**）．さらにニチアジンが nAChR に作用し，コリン作動性シナプス伝達を攪乱することが明らかにされると，本化合物は一躍注目の的となった．

　ニチアジンは光安定性が低く，殺虫活性の面でも有機リン剤やピレスロイドには及ばなかった．しかしその弱点はニトロイミン構造と 6-クロロ-3-ピリジル構造の導入により克服され，イミダクロプリドが開発された．イミダクロプリドは単剤として殺虫剤中最高の売り上げを記録し，その類縁殺虫剤も相次いで開発されている（図 2.19）．これらの殺虫剤はニコチンと同じ作用を示しながら，化学構造と昆虫 nAChR に対する選択性において大きく異なることから，ネオニコチノイドと名づけられた．

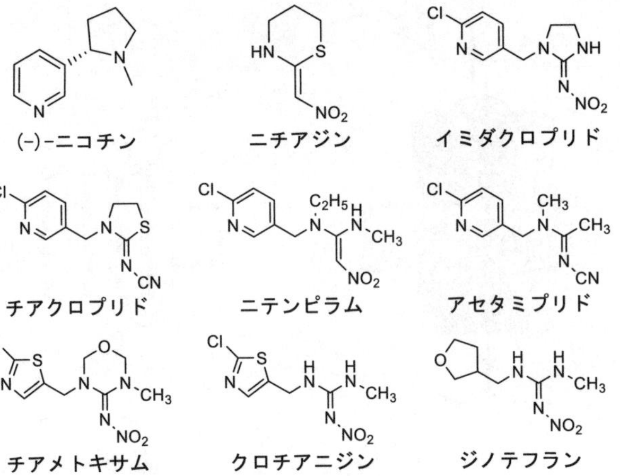

図2.19 (-)-ニコチンとネオニコチノイド

ネオニコチノイドは作物中で高い浸透移行性を示し、種子処理が可能である。有機リン剤やピレスロイドに対する抵抗性の発達も相まって、ネオニコチノイドは現在殺虫剤市場の主要な位置を占めている。

b. ネオニコチノイドの作用機構[6)]

nAChRはシステインループスーパーファミリーに属するIRで、その多くはαとnon-αに分類されるサブユニットからなるヘテロ五量体構造をとり、その中央にカチオン(Na^+, K^+, Ca^{2+})を通すイオンチャネルをもつ(図2.20)。ただし複数種知られているαサブユニットのうち、$\alpha 7$サブユニットは例外的に単独でホモ五量体をつくり、$\alpha 9$サブユニットは$\alpha 10$サブユニットとヘテロ五量体をつくる。個々のサブユニットは4回膜貫通構造をもち、N末端とC末端をシナプス側に向け、第2膜貫通領域(TM2)でカチオンチャネルを形成する。アセチルコリンがαサブユニットとnon-αサブユニットの境界、または隣接するαサブユニットの境界に形成されるオルソステリック部位と呼ばれる内在リガンド結合部位(つまりACh結合部位)に結合すると、nAChR中央のカチオンチャネルが開き、静止膜電位は脱分極シフトすることによりEPSPが発生する(図2.20)。

脊椎動物では、筋肉型nAChRを$\alpha 1$, $\beta 1$, γ, δおよびεサブユニット(胎児ではδサブユニット、成長にともないこれがεサブユニットに置き換わる)が構築するのに対して、神経型nAChRは$\alpha 2 \sim \alpha 10$ ($\alpha 8$サブユニットは鳥類でのみ見

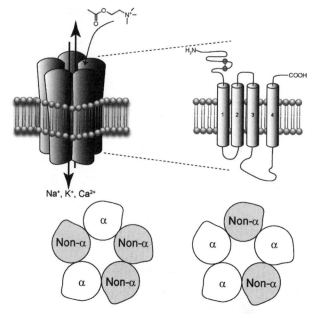

図 2.20 ニコチン性アセチルコリン受容体 (nAChR)
nAChR は α および non-α サブユニットからなるヘテロ五量体構造をもつ。ACh やネオニコチノイドがオルソステリック部位に結合すると nAChR 中央のカチオンチャネルが開き，静止膜電位が脱分極シフトする。

いだされている）と β2〜β4 サブユニットで構築される．一方，昆虫には筋肉型 nAChR がなく，神経型 nAChR だけが存在する．ショウジョウバエには α1〜α7 サブユニットと β1〜β3 サブユニットがあり，それらが結びついて多様な nAChR を作り出す．オルソステリック部位は α サブユニットが提供する loop A〜C と，non-α サブユニットまたはホモ五量体をつくる α サブユニットが提供する loop D〜F により形成される（図 2.21）．

　ネオニコチノイドは ACh と同様に昆虫の nAChR のオルソステリック部位に結合し，カチオンチャネルを開く活性（アゴニスト活性）を示す．また，アゴニスト作用が認められない低濃度では，アセチルコリンが誘起するカチオンチャネルの開口を抑制する活性（アンタゴニスト活性）も示す．化合物の構造により nAChR に対するアゴニスト活性の大きさは異なり，クロチアニジンやジノテフランは他のネオニコチノイドに比べて大きな受容体応答を引きおこす[7]．

　昆虫 nAChR に対するネオニコチノイドの選択性には，おもにセリン等のネオ

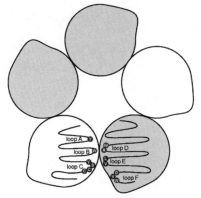

図 2.21 nAChR のオルソステリック部位
リガンドとの相互作用に関わるアミノ酸を一文字表記で示す.

ニコチノイドを受容可能な loop C のアミノ酸残基（哺乳類ではネオニコチノイドのニトロ基やシアノ基と静電的に反発するグルタミン酸）と，ネオニコチノイドのニトロ基やシアノ基を静電的に引きつける loop D の塩基性アミノ酸残基（脊椎動物ではトレオニン）が関与する．

c. ネオニコチノイド抵抗性

ネオニコチノイド抵抗性の原因の多くは酸化代謝に関わるシトクロム P450 の亢進である．しかし，ネオニコチノイド抵抗性を示すワタアブラムシで nAChR の loop D のアルギニン 81 がトレオニンに変異し，ネオニコチノイド感受性が低下していることが見いだされた．この変異は，loop D の塩基性アミノ酸残基とネオニコチノイドとの相互作用をもとに事前に予想されており，ネオニコチノイドの昆虫 nAChR に対する活性発現における当該相互作用の重要性を裏づけることとなった．

d. ネオニコチノイドに類似した作用を示す殺虫剤[7]

これまでにスルホキサフロル，フルピラジフロン，トリフルメゾピリムなどネオニコチノイドによく似た作用を示す殺虫剤が開発されている（**図 2.22**）．スルホキサフロルとフルピラジフロンは昆虫の nAChR に対してアゴニストとして作用するのに対して，正電荷と負電荷の両方が非局在化したメソイオン化合物であるトリフルメゾピリムはアンタゴニストとして作用する．

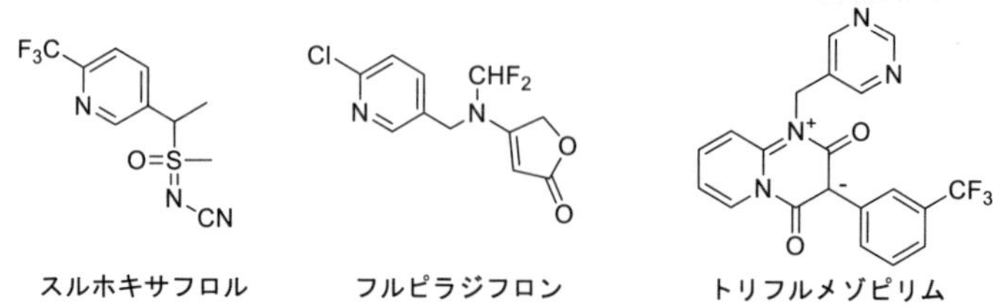

スルホキサフロル　　フルピラジフロン　　トリフルメゾピリム

図 2.22　昆虫のニコチン性アセチルコリン受容体を標的とするネオニコチノイド類縁殺虫剤

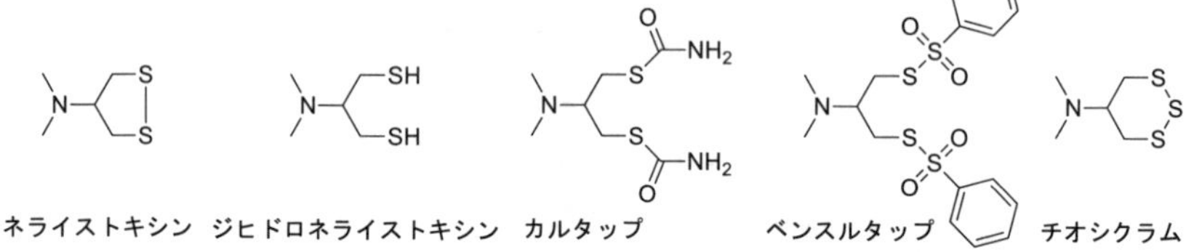

ネライストキシン　ジヒドロネライストキシン　カルタップ　　ベンスルタップ　　チオシクラム

図 2.23　ネライストキシン，ジヒドロネライストキシンおよび関連殺虫剤

e.　ネライストキシンとカルタップ（IRAC 分類 4）

海釣りの餌の1つに海産性環形動物イソメ（*Lumbrineris heteropoda*）がある．イソメの死体にハエなどが接触すると死ぬことは古くから釣人の間で知られていた．そのイソメから発見されたネライストキシンは天然物には珍しく，1,2-ジチオラン構造を有している（図 2.23）．

種々のネライストキシン誘導体の殺虫活性が評価された結果，還元体であるジヒドロネライストキシンのメルカプト基がアシル化された誘導体がネライストキシンに比べて安定で高い殺虫活性を示すことが見いだされ，ニカメイガを防除対象とするカルタップが開発された．さらにベンスルタップとチオシクラムがそれに続いた．

ネライストキシンはプロドラッグ（5.3.2項参照）で，メルカプト基をもつジヒドロネライストキシンが活性体であると考えられている．ネライストキシンは nAChR にアンタゴニストとして作用し殺虫効果を発揮する．

f.　スピノサド（IRAC 分類 5）

新しい抗生物質の開発を目指して，世界中で有用物質をつくる微生物が探索されている．こうした活動の中で *Saccharopolyspora spinosa* の代謝物が殺虫活性を示すことが発見された．活性化合物はいくつかの類縁化合物からなり，スピノシンと名づけられた（図 2.24）．スピノシン類は大環状ラクトン構造をもち，ス

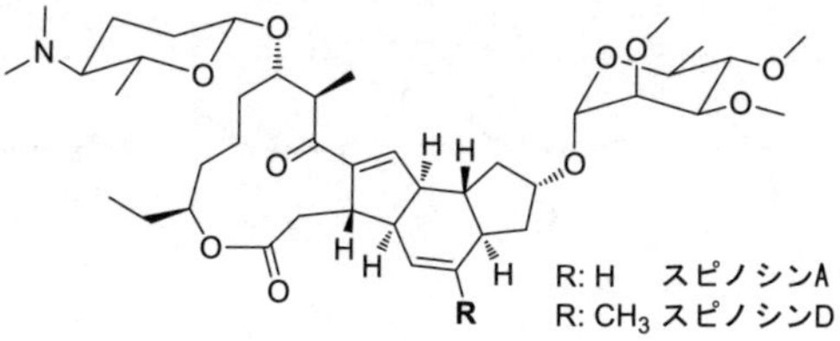

図 2.24 スピノサド

R: H スピノシンA
R: CH₃ スピノシンD

ピノシン A〜Y と類縁体スピノソイドが知られている．スピノシン A 85%とスピノシン D 15%からなる混合物はスピノサドと呼ばれ，チョウ目害虫やアザミウマなどの防除に使用されている．

スピノサドは nAChR を標的とするが，その作用機構はネオニコチノイドとは異なり，アロステリックに nAChR の機能を阻害する．スピノサド抵抗性のアザミウマでは nAChR α6 サブユニットの第 3 膜貫通領域（TM3）のグリシン 275 がグルタミン酸に置換し，スピノサド抵抗性のコナガでも同じ TM3 で 3 つのアミノ酸が欠損していることが見いだされたことから，本剤は α6 サブユニットの TM3 に結合することで α6 サブユニットをもつ nAChR の機能を阻害すると推定されている．

2.1.4　リガンド作動性塩素チャネルに作用する薬剤（IRAC 分類 2, 6）—シナプス情報伝達の攪乱 (2)

神経の興奮伝導・伝達システムには抑制機能をもつイオンチャネルが関与しているものもある．ここでは抑制機能をもつ GABA 作動性塩素チャネル（GABAR）とグルタミン酸作動性塩素チャネル（GluCl）に作用する殺虫剤を紹介する．これらの塩素チャネルはシステインループスーパーファミリーに属する IR で，nAChR と同様に五量体構造をもつが，nAChR とは異なりその中央に塩素チャネルをもつ．GABAR に GABA が結合すると塩素チャネルが開き，nAChR の活性化により生じる EPSP を抑制する．GluCl も同様な機能をもつが，昆虫の体内で GABAR とは異なる部位に局在する．

a.　昆虫 GABAR の塩素チャネルに作用する殺虫剤（IRAC 分類 2）[8]

昆虫の GABAR に作用する殺虫剤の歴史は，BHC と環状ジエン殺虫剤によって開かれた．BHC は benzene hexachloride の略で，1, 2, 3, 4, 5, 6-hexachlorocyclohexane が正式名称である．BHC は 1825 年に Faraday により合成され，

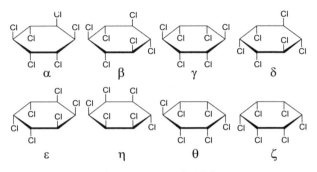

図 2.25　BHC の立体異性体

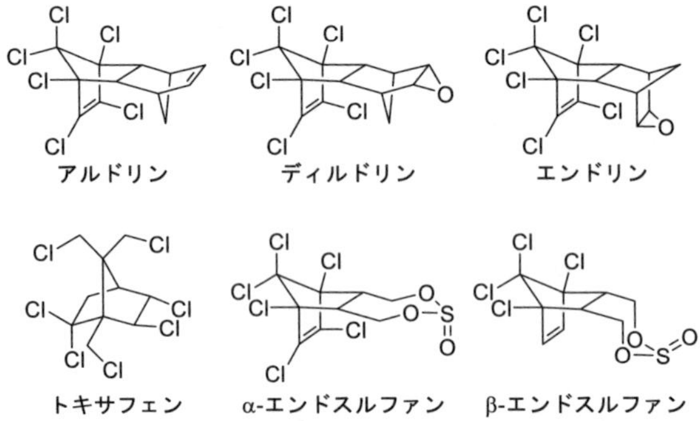

図 2.26　環状ジエン殺虫剤およびその類縁体

殺虫活性をもつことがフランスとイギリスで独立に発見された．BHC には $α$, $β$, $γ$, $δ$, $ε$, $ζ$, $η$, $θ$ の 8 種類のジアステレオマーがあり（図 2.25），$α$-BHC には 2 つのエナンチオマーがある．これら 9 種の立体異性体のうち，リンデンと呼ばれる $γ$-BHC が高い殺虫活性を示し，$α$-BHC と $δ$-BHC がそれに続く．DDT や $γ$-BHC の殺虫活性の発見を受けて，有機塩素化合物が探索され，アルドリンやディルドリンなどの環状ジエン殺虫剤が見いだされた（図 2.26）．ディルドリンは Diels-Alder 反応により得られるアルドリンのエポキシ体で，エンドリンはその立体異性体である．BHC と環状ジエン殺虫剤は残留性が高く，1969 年 BHC を施用した稲わらを与えた乳牛から得た牛乳に残留が認められたことがもとになり，使用禁止となった．

　現在では使用されなくなったが，BHC や環状ジエン殺虫剤は昆虫 GABAR の

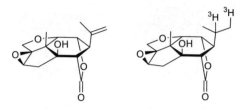

図 2.27 ピクロトキシニンと作用機構解明に使用された放射性リガンド [³H] ジヒドロピクロトキシニン
両化合物の中央に γ-BHC と類似の立体構造をもつシクロヘキサン環があることに注目.

実体解明に大きく貢献した. 作用機構研究が始まった当初, ディルドリンや γ-BHC はシナプスからのアセチルコリンの放出を促進することが観察され, これが神経の異常興奮の原因であると考えられた. 一方, ツヅラフジ科に属する樹木 *Anamirta cocculus* から発見されたジテルペン化合物ピクロトキシニン (PTX, 図 2.27) が, GABAR の塩素チャネルに対して特異的な結合活性をもつことが見いだされた. ついで PTX の神経活性が上述の有機塩素系殺虫剤の神経活性に類似する観察事実をもとに, ディルドリンや γ-BHC などの有機塩素系殺虫剤に交差抵抗性を示すチャバネゴキブリやイエバエなどに PTX が試験され, 抵抗性系統で PTX 感受性も低下していることが見いだされた. さらに, ディルドリンや γ-BHC がラット脳シナプトソームに対する [³H] ジヒドロピクロトキシニン (図 2.27) の特異的結合を阻害することや, ディルドリンがゴキブリの筋肉に GABA を処理して起こる細胞内への塩素イオン取り込みを阻害することも観察されたため, これら 2 つの殺虫剤は神経において抑制的に働く GABAR の塩素チャネルに結合し, GABA によるチャネルの開口を阻害するものと考えられた. これにより GABAR の活性化が阻害されると興奮した神経細胞に対する抑制が働かなくなる. 上記のアセチルコリン放出促進作用はその結果として観察された現象だったのである.

ffrench-Constant らは, ディルドリン抵抗性の原因遺伝子 *rdl* (resistant to dieldrin) が GABAR をコードしていることを解明し[9], *rdl* 表現型をもたらす A302S 変異によって GABAR がディルドリンに対して低感受性になることを示した[10]. A302S の変異箇所は GABAR の塩素チャネルを構築する第 2 膜貫通領域 (TM2) でチャネル内腔に面する 2' 位のアミノ酸に該当する (図 2.28). この変異は PTX や γ-BHC 感受性も低下させることから, いずれも共通して GABAR の塩素チャネルに結合することで塩素イオンの透過を阻害すると考えら

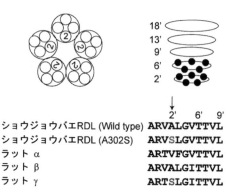

```
ショウジョウバエRDL (Wild type)   ARVALGVTTVL
ショウジョウバエRDL (A302S)       ARVSLGVTTVL
ラット α                          ARTVFGVTTVL
ラット β                          ARVALGITTVL
ラット γ                          ARTSLGITTVL
```

図 2.28　GABA 受容体の第 2 膜貫通領域（TM2）の構造と殺虫剤抵抗性
上左：ホモ五量体を形成するショウジョウバエ GABA 受容体 RDL を上からみた模式図．TM2 は②で示す．上右：TM2 のイオンチャネル内部に面するアミノ酸（●）の番号．下：ショウジョウバエ RDL とラット GABA 受容体サブユニットの TM2 アミノ酸配列の比較．TM2 の 2' 位における A302S 変異により RDL のディルドリン・γ-BHC 感受性は低下する．

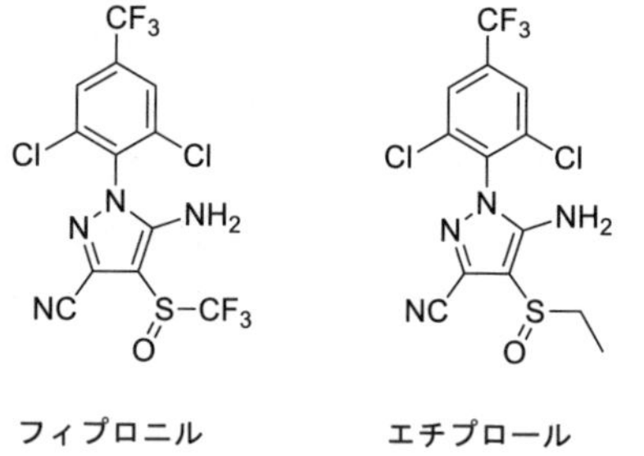

フィプロニル　　　　エチプロール

図 2.29　フェニルピラゾール骨格をもつ殺虫剤

れている．さらに PTX とグルタミン酸作動性塩素チャネルで形成される複合体においても，PTX は塩素チャネルの底部に結合することが示されている．

γ-BHC とシクロジエン系殺虫剤の標的が GABAR であることがわかると，類似の作用機構をもち低残留性の殺虫剤の開発研究が行われ，フェニルピラゾール骨格をもつフィプロニルとエチプロールが見いだされた（図 2.29）．これらの化合物は BHC や環状ジエン殺虫剤と同様に GABAR の塩素チャネルに結合するが，後述するグルタミン酸作動性塩素チャネルにも，GABAR に対するのと同程度の濃度で阻害作用を示す．

b. マクロライド構造をもつ殺虫剤（IRAC 分類 6）

寄生性線虫の中には，家畜のみならずヒトにも盲目症などの病気をもたらすものがある．そのことを念頭に，駆虫活性をもつ微生物産物の探索が行われ，放線菌の一種 *Streptomyces avermitilis* の生産物が高い駆虫活性を発揮することが発見された．活性化合物は，大環状ラクトン構造（マクロライド構造）をもち，起源の微生物の学名にちなんでアベルメクチンと命名された（**図 2.30**）．アベルメクチン B_{1a} と B_{1b} をおよそ 8：2 の割合で含む混合物はアバメクチンと呼ばれ，殺線虫活性のみならず殺虫活性や殺ダニ活性を示し，アザミウマ，コナジラミ，ハダニ等の防除に使用されている．アベルメクチンの還元誘導体であるイベルメクチン（図 2.30）は人畜の寄生線虫に対する駆虫薬として実用され，多くの命を救った．その功績により，大村博士と Campbell 博士に対して 2015 年にノーベル医学・生理学賞が授与された．

アベルメクチンとは別途の微生物産物の探索により，殺虫・殺線虫活性をもつ化合物が放線菌 *Streptomyces hygroscopicus* subsp. *aureolacrimosus* の産物から見いだされ，ミルベマイシン（図 2.30）と名づけられた．ミルベマイシン A_3 と A_4 をおよそ 3：7 の割合で含む混合物はミルベメクチンと呼ばれ，マツノザイセンチュウやハダニ類の防除に用いられている．ミルベマイシンの類縁体ネマデクチンはマツノザイセンチュウの防除剤として用いられている．

ミルベメクチンやイベルメクチンの作用点は当初 GABAR といわれたが，受

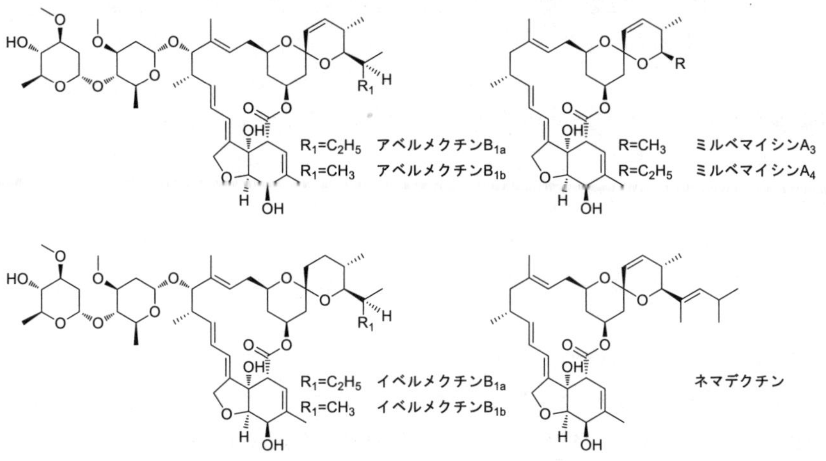

図 2.30　殺虫・殺ダニ・殺線虫活性をもつマクロライド系化合物

容体候補の機能解析技術が確立され,これらのマクロライド系化合物のおもな標的は GluCl であることが明らかにされた.GluCl は nAChR や GABAR と同様にシステインループスーパーファミリーの IR で,五量体構造をもち,L-グルタミン酸が結合するとその塩素チャネルを開く.GABAR と異なるのは,それが昆虫や線虫などの無脊椎動物の神経系でのみ発現している点である.イベルメクチンやミルベマイシンは GluCl を持続的に活性化することで神経伝達を過剰に抑制し,それにより殺虫・駆虫活性を示す.処理濃度を変えると,イベルメクチンは低濃度のグルタミン酸により誘起される GluCl 応答(塩素電流)を増強し,高濃度のグルタミン酸により誘起される GluCl 応答を抑制する効果も示す.GluCl でのイベルメクチンの結合部位は,第 1 膜貫通領域(TM1)と第 3 膜貫通領域(TM3)間の境界である.

2.1.5 神経伝達物質の不活性化を阻害する薬剤(IRAC 分類 1)―シナプス情報伝達の攪乱(3)

a. 有機リン系殺虫剤の歴史

リンは周期表で窒素と同じ 15 族に属し,窒素と同様に 3 価(ホスフィン)や 4 価(ホスホニウム)の構造をとるが,d 軌道を使って 5 価の構造をもつこともできる.P=O 結合をもつ 5 価のリンにハロゲンや酸素などの電気陰性度の高い原子が結合すると,リン原子は求核反応を受けるようになる.例えば,5 価のリンのすべての位置に酸素が結合した ATP は容易に加水分解を受ける.

ホスフェート類の中でとりわけ求核剤に対して高い反応性を示すのがフルオロホスフェート類である.Lange と Krüger は,フルオロホスフェート類が示す高い毒性を発見し,その成果を 1932 年に発表した.これに触発された Schrader は,殺虫剤の開発を念頭にフルオロホスフェートあるいはフルオロホスホアミド類を合成し,1944 年殺虫剤パラチオンを発見した.第二次大戦後,パラチオンはわが国も含めて世界各国で使用された.後に,パラチオンは高い毒性のため使用禁止となったが,そのホスホロチオネート骨格は多くの有機リン系殺虫剤の源流となった.

b. 有機リン系殺虫剤の構造と活性

有機リン系殺虫剤の一般構造式を図 2.31 に示す.またそれぞれのタイプ別に,代表的殺虫剤の構造,急性経口毒性および開発年を表 2.1 に記載する.

リン酸エステル構造をもつジクロルボス(DDVP)は残効性が低く,蒸気圧が

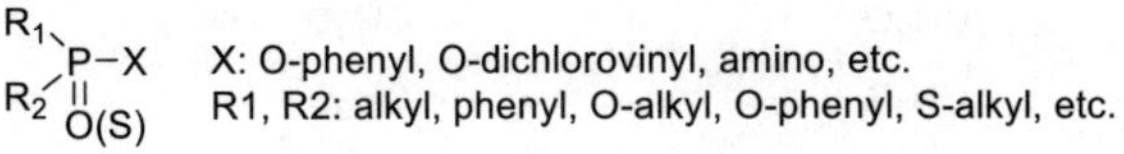

2.1 神経系に作用する薬剤

$$R_1 \atop R_2 {\Large\nwarrow\atop\|}P-X \atop O(S)$$ 　X: O-phenyl, O-dichlorovinyl, amino, etc.
R1, R2: alkyl, phenyl, O-alkyl, O-phenyl, S-alkyl, etc.

図 2.31 有機リン剤の構造
X は Schrader が acyl 基（酸基）と呼んだ置換基である．

表 2.1 代表的な有機リン系殺虫剤の名称，構造，急性毒性，開発年[11,12]

類型	名称	構造式	急性毒性	開発年
リン酸エステル	ジクロルボス	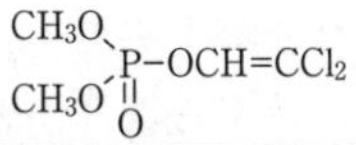 $CH_3O\text{\textbackslash}P-OCH=CCl_2$ / CH_3O / O	♂ 80 ♀ 56	1955
チオノリン酸エステル	パラチオン	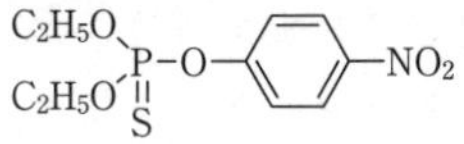 $C_2H_5O\text{\textbackslash}P-O-C_6H_4-NO_2$ / C_2H_5O / S	2	1944
	フェニトロチオン（MEP，スミチオン）	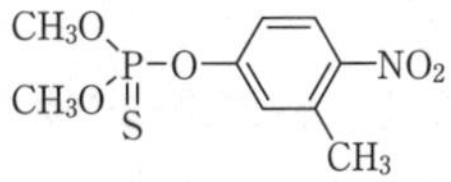 $CH_3O\text{\textbackslash}P-O-C_6H_3(NO_2)(CH_3)$ / CH_3O / S	♂ 950 ♀ 600	1959
	ダイアジノン	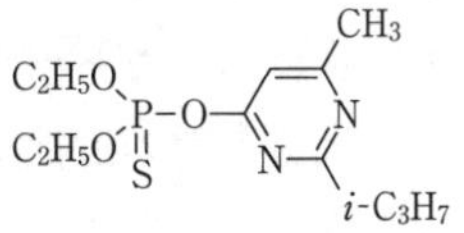 $C_2H_5O\text{\textbackslash}P-O-$ ピリミジン(CH_3, $i\text{-}C_3H_7$) / C_2H_5O / S	♂ 521 ♀ 485	1951
	クロルピリホス	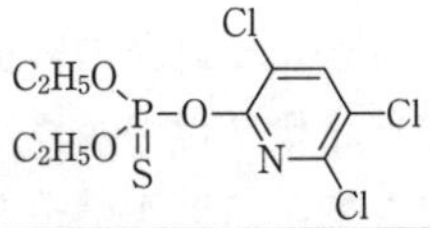 $C_2H_5O\text{\textbackslash}P-O-$ ピリジン(Cl_3) / C_2H_5O / S	♂ 163 ♀ 135	1965
チオノチオールリン酸エステル	マラチオン（マラソン）	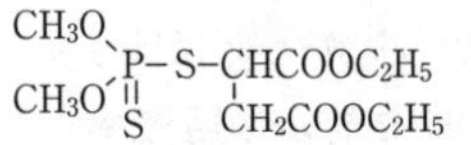 $CH_3O\text{\textbackslash}P-S-CHCOOC_2H_5$ / CH_3O / S / $CH_2COOC_2H_5$	♂ 1390 ♀ 1450	1950
	ジメトエート	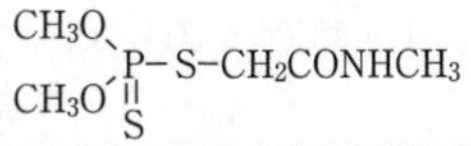 $CH_3O\text{\textbackslash}P-S-CH_2CONHCH_3$ / CH_3O / S	♂ 255 ♀ 310	1951
チオールリン酸エステル	プロチオホス	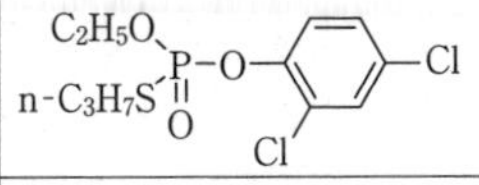 $C_2H_5O\text{\textbackslash}P-O-C_6H_3Cl_2$ / $n\text{-}C_3H_7S$ / O	♂ 1700 ♀ 1750	1975
アミドリン酸エステル	アセフェート	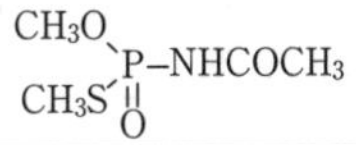 $CH_3O\text{\textbackslash}P-NHCOCH_3$ / CH_3S / O	♂ 945 ♀ 866	1972

高いため燻蒸剤として使用できる．チオノリン酸エステル（ホスホロチオネート）構造をもつパラチオンは，哺乳動物毒性の強さのため 1971 年にわが国で使用禁止となったが，その改良に多くの研究者が取り組んだ．まず，パラチオンの

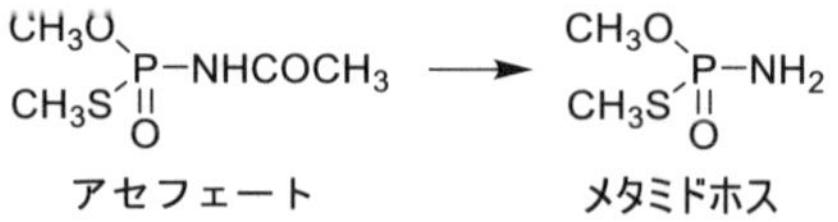

$$\underset{\text{アセフェート}}{\underset{\text{CH}_3\text{S}}{\text{CH}_3\text{O}}\!\!\underset{\text{O}}{\overset{}{\text{P}}}\!-\!\text{NHCOCH}_3} \longrightarrow \underset{\text{メタミドホス}}{\underset{\text{CH}_3\text{S}}{\text{CH}_3\text{O}}\!\!\underset{\text{O}}{\overset{}{\text{P}}}\!-\!\text{NH}_2}$$

図2.32 アセフェートは虫体内でメタミドホスに変換され効果を示す

ジエチルエステル構造をジメチルエステル構造にすることで毒性が低下した．これは，哺乳動物でグルタチオン-S-トランスフェラーゼがエチルエステルよりメチルエステルをよく加水分解するためである．また，ベンゼン環3位にメチル基を入れることで哺乳類に対する毒性が軽減され，殺虫活性が向上した．これは，昆虫と哺乳動物間でアセチルコリンエステラーゼの活性中心の構造が異なるためである．これらの知見をもとにフェニトロチオンが開発された．

含窒素複素環をもつダイアジノンは植物体内での浸透移行性にすぐれるが残効性は高くないのに対して，同系統のクロルピリホスは浸透移行性が低く，食毒および接触活性を示す．チオノチオールリン酸エステル構造をもつマラチオン（マラソン）は，ウンカ，ヨコバイなどの吸汁害虫に卓効を示す．そのジエチルエステル部位が哺乳動物と昆虫の間の選択毒性の原因となっており，哺乳動物ではこの結合が速やかに分解される．マラチオンに類似の構造をもつジメトエートは浸透移行性にすぐれ，みかんや野菜の害虫防除に使用される．チオールリン酸エステル構造をもつプロチオホスはアルカリ性でも比較的安定でボルドー液と混用可能である．アミドリン酸エステル構造をもつアセフェートは，害虫体内でメタミドホスに変換され殺虫効果を発揮する（図2.32）．

c. 有機リン系殺虫剤の作用機構

有機リン系殺虫剤は興奮性の神経伝達物質AChの加水分解を触媒するアセチルコリンエステラーゼ（AChE）を阻害する．AChEによるアセチルコリンの分解反応（図2.33）は，まずAChが結合した酵素において活性中心のセリン残基のヒドロシ基が活性中心のヒスチジン残基により活性化され，AChのカルボニル炭素を求核攻撃してオキシアニオン中間体を形成する．この中間体の酸素原子に局在する電子対が酸素に戻り，コリンが脱離することでアセチル化されたAChEが生成する．次に水がヒスチジンにより活性化され，その酸素がアセチル基のカルボニル炭素を求核攻撃してアセチル化酵素を加水分解することで，AChEが再生する．アセチル化AChEの半減期は，およそ0.14ミリ秒程度である．

すでに述べたように，有機リン系にはP=S構造をもつ化合物とP=O構造を

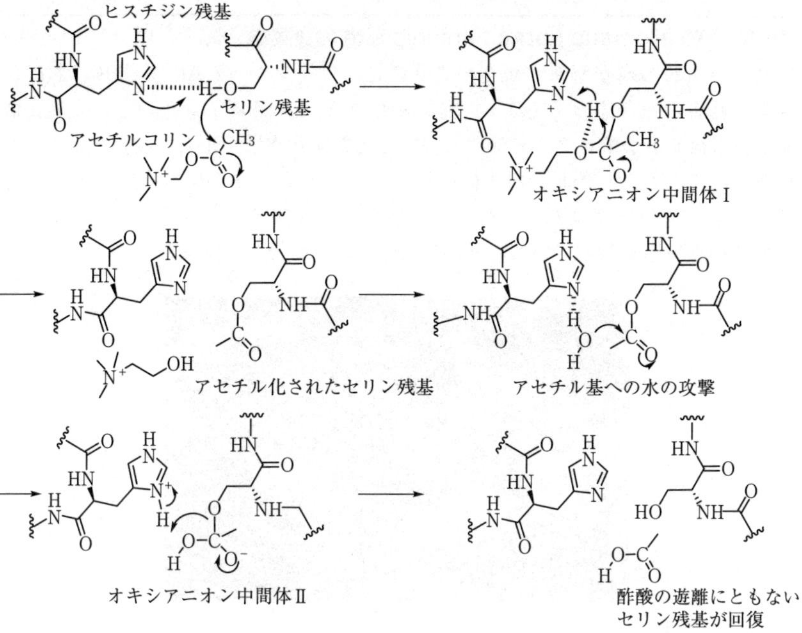

図 2.33 アセチルコリンエステラーゼによるアセチルコリンの加水分解
巻き矢印は電子対の動きを示す.

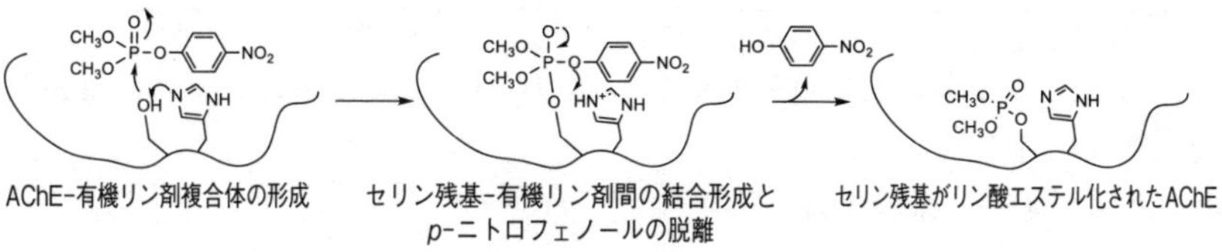

図 2.34 有機リン系殺虫剤はアセチルコリンエステラーゼのセリン残基を不可逆的にリン酸エステル化し,触媒活性を阻害する

もつ化合物がある.このうち P=S 構造をもつもの(チオノ体と呼ばれる)は,虫体内のシトクロム P450 酵素により P=O 構造をもつ化合物(オクソン体と呼ばれる)へと代謝される.オクソン体の有機リン系殺虫剤が AChE に結合すると,活性中心のセリン残基がリン原子を攻撃し,AChE はリン酸エステル化される(図 2.34).リン酸エステル化された酵素は安定で,その後の加水分解反応はきわめてゆっくりと進行する.その半減期は速くて 1 時間程度,遅い場合は 1

● AChE の aromatic gorge：anionic site の真実 ●

　タンパク質の構造解析が現在のように進んでいなかった頃，AChE における酵素と基質の複合体形成には，正電荷をもつ ACh の 4 級アンモニウム窒素と酵素の負電荷をもつ酸性アミノ酸残基の静電的な相互作用が重要な役割を果たすと推測されていた．しかしその後得られたシビレエイの AChE の結晶構造の X 線解析により，ACh の 4 級アンモニウム窒素は芳香族アミノ酸残基の π 電子と静電的に相互作用を行っていることが明らかにされた[13,14] (図 2.35)．

図 2.35 シビレエイ AChE-デカメトニウム複合体の X 線結晶構造
スティックモデルで描かれた非加水分解性のアセチルコリン類縁基質デカメトニウムの窒素は空間充填モデルで描かれた芳香族アミノ酸残基により取り囲まれている．＋は結晶中の水．PyMOL を用いて作成．

か月である．この実質上不可逆的な阻害作用により ACh はシナプスに蓄積し，過剰な興奮伝達が起こる．

d. カーバメート系殺虫剤

　アフリカのカラバー地方では，カラバー豆（*Physostigma venenosum*）のエキスが神明裁判（神の意志を受けて決定する裁判）に用いられていた．フィゾスティグミン（別名エゼリン，図 2.36）と呼ばれたカラバー豆の神経活性をもつアルカロイドの平面構造は 1925 年に，絶対配置は 1969 年に明らかにされた．

　フィゾスティグミンの活性はカーバメート（カルバミン酸エステル）構造が担う（図 2.36）．フィゾスティグミンおよびその類縁体は AChE を阻害することから，殺虫活性の有無が調査されたものの，活性は認められなかった．しかしその後，中性で疎水性が高いカーバメート系殺虫剤ピロラン，イソラン，ジメタンが開発され，本系統の殺虫剤の開発研究が活発化した（図 2.37）．一般にカーバ

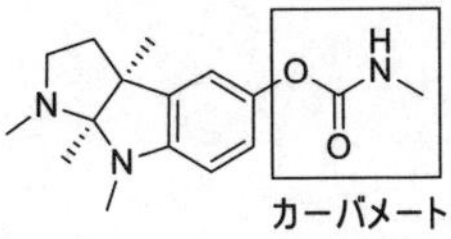

図 2.36 フィゾスチグミン

ピロラン　　　イソラン　　　ジメタン

ゼクトラン　　フェノブカルブ(BMPC)　　ピリミカルブ

カルバリル (NAC)　　カルボフラン　　ベンフラカルブ

オキサミル　　メソミル　　アルジカルブ

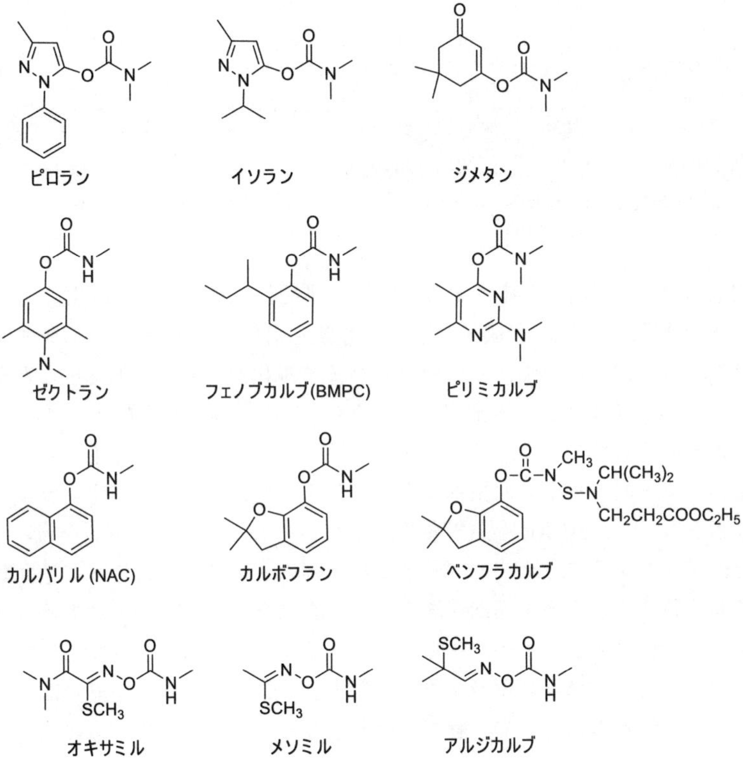

図 2.37 カーバメート系殺虫剤

メート系殺虫剤は種特異性が高く（逆に適用範囲が狭い）ことが特徴で、おもにウンカ、ヨコバイ、アブラムシの防除に使用される．カーバメート系殺虫剤は有機リン剤に比べて哺乳動物に対する急性毒性が高い傾向にある．

　カーバメート系殺虫剤は，AChE の触媒残基セリンをカルバモイル化することで加水分解活性を阻害し、殺虫効果を発揮する（**図 2.38**）．カルバモイル化された状態からの AChE の回復は，有機リン系殺虫剤によりリン酸エステル化さ

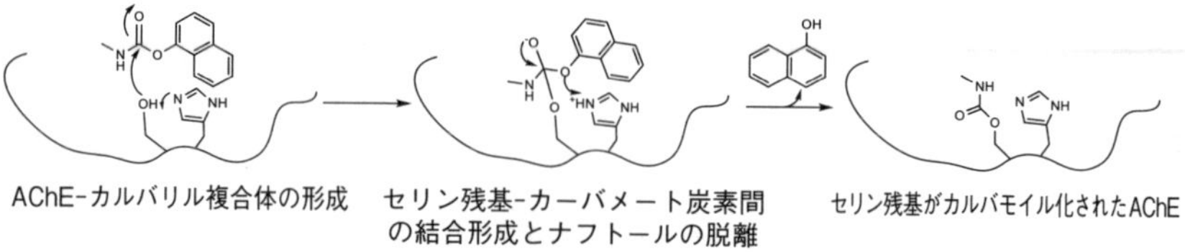

図2.38 カルバリルによるアセチルコリンエステラーゼの阻害機構

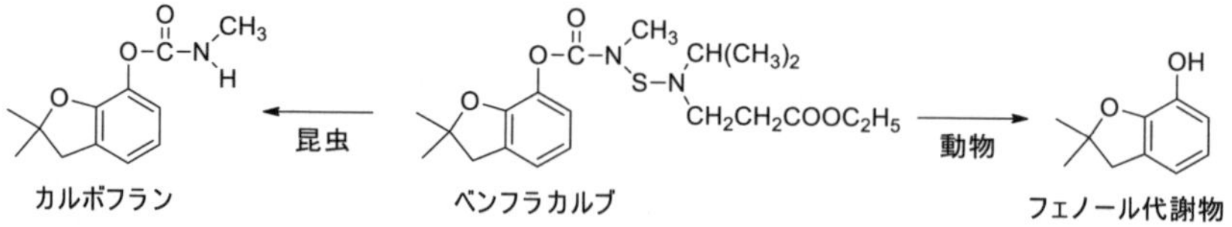

図2.39 昆虫と動物での代謝のちがいを利用しカーバメート系殺虫剤の毒性低下を目指したプロドラッグ化（ベンフラカルブの例）

れた場合よりも速く，半減期は約 30 分〜1 時間である．—NH(CH$_3$) タイプのカーバメート系殺虫剤は有機リン剤よりも強く AChE と複合体を形成するが，カルバモイル化速度が遅く，かつ脱カルバモイル化速度も比較的速いことから，酵素のカルバモイル化よりも酵素-カーバメート複合体の形成自身が AChE 阻害の主要因と考えられている．それに対して，カーバメート部の窒素が水素をもたない場合，カーバメート系殺虫剤は有機リン系殺虫剤と同じく安定にカルバモイル化酵素をつくり，AChE を阻害する．

すでに述べたように，カーバメート系殺虫剤は有機リン剤に比べて哺乳動物に対して高い急性毒性を示す傾向がある．この問題をカーバメート窒素の水素を置換することで軽減することが試みられ，ベンフラカルブ（オンコル）が開発された．ベンフラカルブはプロドラッグ（5.3.2 項参照）であり，昆虫ではカルボフランに代謝されるのに対して，動物では不活性なフェノール化合物に代謝される（図 2.39）．

2.1.6　G タンパク質共役型受容体に作用する薬剤（IRAC 分類 19）

イオンチャネルに作用する殺虫剤が多い中で，G タンパク質共役型受容体（図 2.8）に作用する殺虫剤もある．クロルジメホルムとアミトラズ（図 2.40）はその代表例であり，前者は代謝されて脱メチル体となり活性を発揮する．これらの化合物は昆虫のオクトパミン受容体にアゴニストとして作用し，G タンパク質を介してアデニル酸シクラーゼを活性化させ，その結果，細胞質内の cAMP 濃度

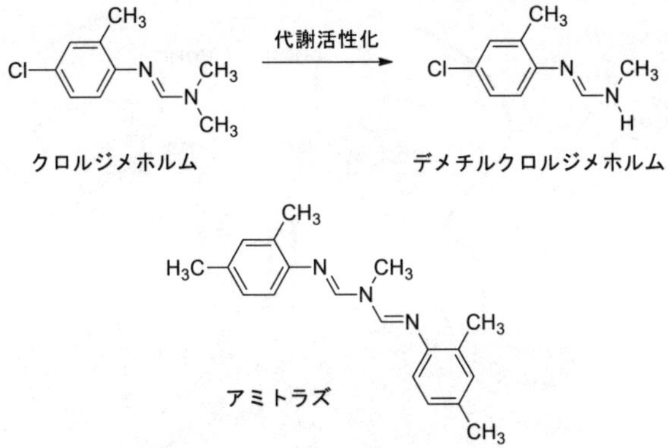

図 2.40 クロルジメホルムとアミトラズ

が上昇する．それにより活性化されたプロテインキナーゼ A によりさまざまなタンパク質がリン酸化され，摂食や交尾などの行動に異常が生じる．

2.1.7 筋肉に作用する薬剤（IRAC 分類 28）

脊椎動物では神経から筋肉に興奮を伝える神経筋接合部位に活動電位が到達するとアセチルコリンが放出され，筋肉の膜を脱分極させる（昆虫ではアセチルコリンのかわりに L-グルタミン酸が膜を脱分極させる）．これをトリガーとして筋小胞体から Ca^{2+} イオンが放出され，通常低く保たれている細胞質内の Ca^{2+} イオン濃度が上昇する．それをトロポニンが感知し，トロポミオシンを介してミオシン-アクチン間のすべりを引きおこして筋肉が収縮する．このプロセスで鍵となっているのが筋細胞内での Ca^{2+} イオンの上昇であり，それを引きおこすのが筋小胞体のリアノジン受容体と呼ばれるカルシウムチャネルである．

リアノジン受容体（RyR）は，南米原産の樹木 *Ryania speciosa* に含まれる有毒アルカロイド化合物リアノジンの標的として発見された膜タンパク質である（図 2.41）．RyR はホモ四量体構造をとり 400 K 以上の分子量をもつ．ヒトには 3 種，昆虫には 1 種の RyR が存在する．筋肉細胞に発生した EPSP により刺激を受けて筋小胞体内の Ca^{2+} イオンを放出することにより，筋肉の収縮等のさまざまな生理現象を誘起する．

RyR をターゲットとする殺虫剤は意外なところから生まれた．フルベンジアミド（図 2.42）は，除草活性をもつピラジン誘導体を原点として，それをフタル酸ジアミドに置き換え，ユニークな置換基を導入することにより生み出され

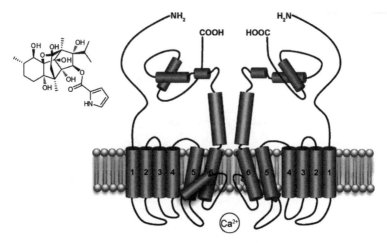

図2.41 リアノジンとリアノジン受容体

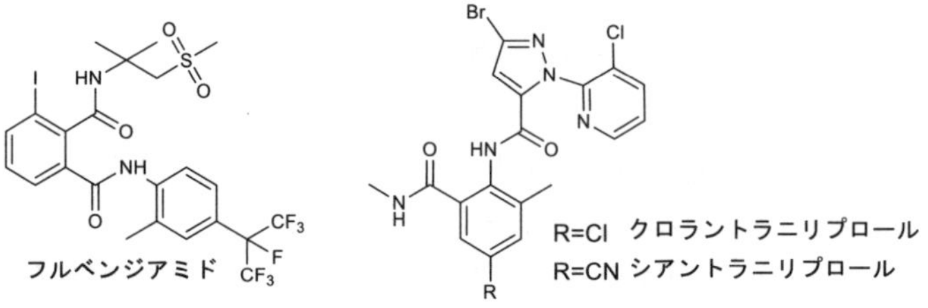

図2.42 ジアミド構造をもつフルベンジアミド,クロラントラニリプロール,シアントラニリプロール

た.これに続いて,アントラニル酸ジアミド構造をもつクロラントラニリプロールとシアントラニリプロールが開発された(図2.42).これら3剤は,昆虫のRyRのリアノジン結合部位とは異なる部位に選択的に結合することにより筋小胞体からCa^{2+}イオンを放出させ,昆虫の筋肉の異常収縮等を引きおこして殺虫活性を示す.ジアミド構造をもつ殺虫剤は哺乳動物に対する毒性が低く,チョウ目昆虫の害虫防除にすぐれた効果を示す.

フルベンジアミドに対する感受性が低下したコナガのRyRでは,第2膜貫通領域・第4膜貫通領域・第5膜貫通領域を結ぶリンカーに近い部位にそれぞれI4790MおよびG4946E変異が生じていることが見いだされている.これらの殺虫剤は,RyRのイソロイシン4790とグリシン4946付近の膜電位センサーのサブドメインに結合すると推定されている.

2.2 昆虫の弦音感覚を攪乱する薬剤（IRAC 分類 9, 29）

　昆虫は重力，振動，音の変化をとらえ，運動を制御している．こうした感覚受容を行っているのが弦音器官（chordotonal organ）である．弦音という言葉から音の認識を想起させるが，この名前はクチクラに張りついた感覚細胞に由来する細長い付着細胞の様子が，楽器の弦のようにみえることに由来する．

　弦音器官では機械的変化を受容した付着細胞が機械受容体（stretch receptor）として働き，感覚繊毛を通じてその信号を中枢に伝える．弦音器官の一例であるジョンストン器官はショウジョウバエやカの触覚基部の梗節内に存在し，触覚が受ける重力，振動，音（空気の粗密波）による機械的変位を「てこ」の原理で増幅して感知する．ジョンストン器官での機械受容において主要な役割を果たしているのが TRP（transient receptor potential）チャネルである（図 2.43）．キャップ細胞を通じて付着細胞に連結されたジョンストン器官の感覚繊毛膨末端では Nomp C と呼ばれる TRPN チャネルが，また繊毛基部では TRPV チャネル（Nanchung と Inactive）が発現している．TRP チャネルは四量体構造をもち，個々のサブユニットは 6 回膜貫通構造を有する（図 2.43）．第 5 および第 6 膜貫通領域（TM5 と TM6）の間にリン酸化を受ける P-loop をもち，機械的変位，音，温度，熱などを受容して自身のカルシウムチャネルを開くことで細胞内の Ca^{2+} イオン濃度を上昇させる．

　吸汁害虫の摂食を阻害するピメトロジン，ピリフルキナゾン，フロニカミドお

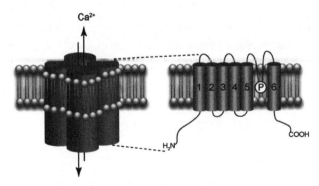

図 2.43　四量体構造をもつ TRP チャネルの構造
　　　　サブユニットは 6 回膜貫通構造を有する．

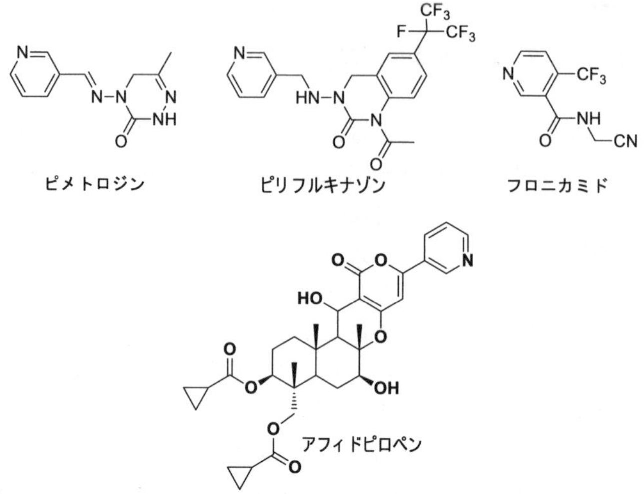

図 2.44 昆虫行動制御剤ピメトロジン，ピリフルキナゾン，フロニカミド，アフィドピロペン

よびアフィドピロペン（図 2.44）は昆虫行動制御剤（insect behavior regulator, IBR）と呼ばれる．ピメトロジンは半翅目昆虫（ウンカ，ヨコバイ，アザミウマ，コナジラミ等）に対して選択的に吸汁阻害活性を示し，ピリフルキナゾンはカメムシ目昆虫，アザミウマ，アブラムシ，コナジラミ等の害虫に対して吸汁阻害活性を示す．フロニカミドはトリフルオロメチルピリジン誘導体の農薬活性物質の探索の中で見いだされた化合物で，ウンカ，アブラムシ，アザミウマ等の吸汁害虫に防除活性を示す．これらのうち，アフィドピロペンは糸状菌 *Aspergillus fumigatus* の代謝物ピリピロペンをリード化合物としてつくられた IBR である．

ピメトロジン，ピリフルキナゾンおよびアフィドピロペンは，ジョンストン器官の TRP チャネルである TRPV を活性化し，細胞内 Ca^{2+} イオン濃度の上昇を引きおこす．フロニカミドのターゲットは不明であるが，本化合物もジョンストン器官の Ca^{2+} イオン濃度を高めることが観察されている．

2.3 脱皮・変態を攪乱する薬剤

2.3.1 昆虫の脱皮・変態のしくみ

昆虫は卵から孵化した後，数回の幼虫脱皮を繰り返して成長する．チョウやガなどの完全変態昆虫では，幼虫から蛹，成虫へと変態する．蛹という形態をとら

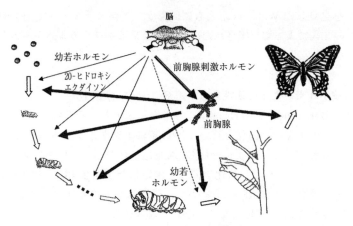

図 2.45 ホルモンによる制御（文献[15]を一部改変）

ない不完全変態の昆虫もいる．このように，昆虫は成長するためには脱皮を繰り返さなくてはならない．脱皮をともなった幼虫期における成長は顕著で，孵化後の体重が数千倍から1万倍にもなる昆虫もいる．幼虫期において大きく成長する昆虫は大量の餌を必要とし，幼虫による食害が大きくなることを意味している．実際に，一晩で野菜が穴だらけになってしまうこともある．

　この脱皮・変態という現象は，2つの末梢ホルモンである脱皮ホルモンと幼若ホルモンによって制御されている（図2.45）．幼若ホルモンは脳に隣接したアラタ体というところから分泌されるが，脱皮ホルモンは，脳に隣接する側心体から分泌される前胸腺刺激ホルモン（prothorasicotropic hormone, PTTH）による刺激を受けて前胸腺で合成される．体内の幼若ホルモン濃度が高い状態で脱皮ホルモンが分泌されると幼虫への脱皮が進行するが，幼若ホルモン濃度が減少した条件で脱皮ホルモンが分泌されると，蛹や成虫へと変態する．ところが，昆虫は哺乳動物や植物と違ってステロール骨格を合成することができないために，コレステロールやスティグマステロール，カンペステロールなどの植物ステロイドから脱皮ホルモンを合成している．よって昆虫は，これらの植物ステロイドを取り入れないと脱皮ホルモンを合成できなくなって，成長できないことになる．

　前胸腺に関しては，福田宗一の研究が有名である．福田は1940年代にカイコの幼虫や蛹を使って結紮試験，器官摘出や移植などによって前胸腺の内分泌機能を明らかにし，幼若ホルモンを発見したイギリスのWigglesworth，前胸腺刺激

ホルモンを発見した Williams とともに,脱皮・変態のホルモン支配を明らかにした. この3人によって提案された内分泌調節系はクラシカルスキームと呼ばれている.

2.3.2 脱皮ホルモンとその活性をもつ薬剤(IRAC 分類 18)

ドイツの Butenandt と Karlson は,日本から入手した 500 kg のカイコ蛹から脱皮ホルモンの単離・結晶化を行い,1963 年にエクダイソン(当時は α-エクダイソンと呼ばれていた)および 20 位が水酸化された 20-ヒドロキシエクダイソン(20E;β-エクダイソン)の化学構造を決定した(図 2.46).前胸腺でエクダイソンが生合成されて体液中に分泌され,脂肪体などの周辺組織によって 20 位がヒドロキシ化されて 20E となり,それが脱皮ホルモンとして作用する.1965 年には,20E の立体構造が X 線結晶構造解析によって明らかにされた.また翌年には,中西香爾らにより 20E よりも活性の高いポナステロン A(PonA)が,トガリバマキの新葉から単離構造決定された.新鮮葉 1 kg から 1.2 g もの PonA が得られたそうである.この他,単離構造決定および合成されたエクダイソンの類縁体の化学構造は,インターネット上で公開(http://ecdybase.org/)されている.

このように植物に脱皮ホルモンである 20E や PonA が大量に含まれる理由として,害虫からの防衛が考えられている.これらエクダイソン類縁体を殺虫剤として利用できないかと考えられたが,構造がステロールであり合成にコストがかかること,エクダイソン類は昆虫体内で代謝され排出されやすいことや,親水性が高く外部から投与しても昆虫体内に吸収されにくいなどの理由から,実用には結びつかなかった.

脱皮ホルモンの構造が明らかになると,その受容体の探索が始まったが,昆虫体内における存在量が少ないため同定は困難であった.しかし,1980 年代に

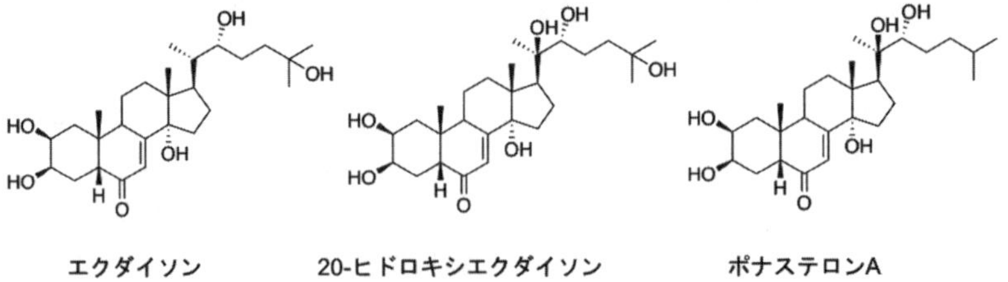

エクダイソン　　20-ヒドロキシエクダイソン　　ポナステロンA

図 2.46 脱皮ホルモン類の化学構造

2.3 脱皮・変態を攪乱する薬剤

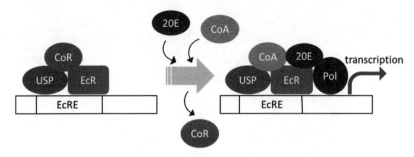

図2.47 脱皮ホルモン類の分子レベルにおける作用機構[16]
CoR：co-repressor, CoA：co-activator, Pol：RNA polymerase, EcRE：ecdysone response element, □：DNA.

PCR法が開発され，1991年にショウジョウバエの遺伝子の解析によって脱皮ホルモン受容体（ecdysone receptor, EcR）の一次構造が明らかにされた．さらにEcRが同定されたことによって，20Eの分子機構が明らかとなった．すなわち，EcRはウルトラスピラクル（ultraspiracle, USP）と二量体を形成してDNA上の脱皮ホルモン応答配列（EcRE）に結合し，20EがEcRに結合することによって，下流の脱皮関連遺伝子が転写・翻訳される（図2.47）．もう少し詳しく説明すると，20EがEcRに結合することによって，転写翻訳の抑制をしていたco-repressor（CoR）が遊離して，そのかわりにco-activator（CoA）が結合し，遺伝子の転写・翻訳が進行する．実際にショウジョウバエでTaiman（Tai）がCoAとして同定されている．脱皮変態とは無関係な酵母や動物細胞を用いて脱皮ホルモンの活性を調べる活性評価系がつくられているが，Taiの遺伝子を導入しないとこのシステムは動かないことが明らかにされている．

前述のように，ステロイド型の脱皮ホルモン誘導体そのものを殺虫剤として応用することは困難で，実用には至らなかったが，1988年にジアシルヒドラジン（DAH，図2.48）に脱皮ホルモン活性が見いだされ，さらに殺虫活性も認められたことから，実用化に向けての構造活性相関研究が進められた．

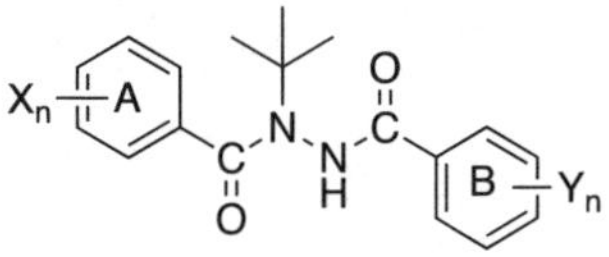

図2.48 ジアシルヒドラジン（DAH）類の基本構造

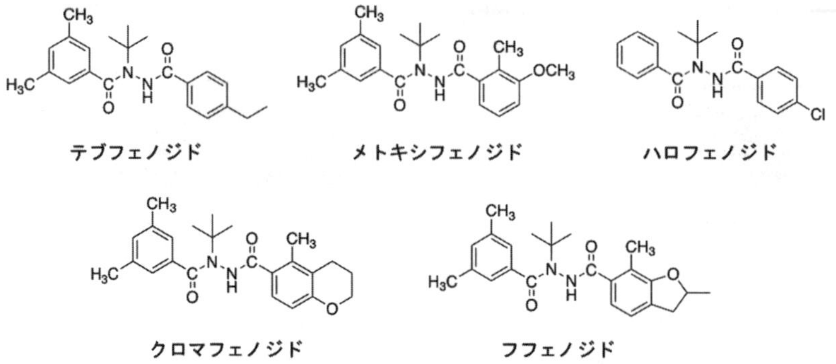

2. 殺虫剤

テブフェノジド　　メトキシフェノジド　　ハロフェノジド

クロマフェノジド　　フフェノジド

図 2.49　農業用殺虫剤として上市された DAH 類の化学構造

　両ベンゼン環（A 環および B 環）にさまざまな置換基の導入が試みられた結果，A 環部が 3,5-ジメチル，B 環部が 4-エチルという簡単な化学構造をもったテブフェノジドが農業用殺虫剤として初めて開発された（**図 2.49**）．しかし，テブフェノジドはチョウ目に対して強力な活性を示す一方，それ以外の昆虫目，例えば甲虫目やハエ目に対してはほとんど活性を示さないという昆虫間でも選択毒性の高い化合物であった．その後，チョウ目に対してテブフェノジドよりも活性の高いメトキシフェノジドが開発され，チョウ目に加えて甲虫類にも殺虫活性を示すハロフェノジドが開発された．しばらくして，わが国においてもクロマフェ

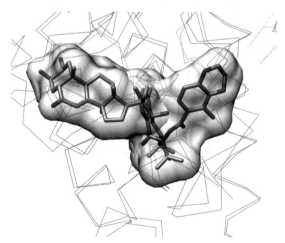

図 2.50　受容体 EcR に対する PonA（左）と DAH（右）の結合のちがい

ノジドが，また中国においてフフェノジドが実用化された（図2.49）．これらはともにチョウ目選択的な殺虫剤である．

EcRのリガンド結合部位の立体構造や脱皮ホルモンおよびDAHとの結合様式はX線結晶構造解析によって明らかにされている．図2.50に示したように，DAHのEcRへの結合部位はステロイドの結合部位とは若干異なり，DAHのB環部はステロイドであるエクダイソン類が結合していないポケットに結合する．B環部が結合する部位の配列が昆虫目間で異なるために，DAH類が活性を示さない昆虫では，そのEcRのB環部結合部位が小さくB環部を収容できなくなっている．この部分は天然の脱皮ホルモンの結合には関与しないため，エクダイソン類に対する親和性には差がない．

2.3.3 幼若ホルモンとその活性をもつ薬剤（IRAC分類7）

幼若ホルモン（juvenile hormone, JH）はセスキテルペノイド構造をもち，エクダイソンの構造決定よりもやや遅れてまずJH-Iの構造決定が行われた．これまでにJH-Iをはじめ数種類のJH類が昆虫から同定されている．図2.51に代表的な4つのJH類の構造式を示した．JH-IIIは昆虫全般にわたって存在する基本型で，JH-I，IIはチョウ目昆虫に特異的に存在する．また，JH類は脱皮・変態だけでなく，胚発生，生殖腺成熟，休眠やカースト分化において重要な役割を果たすことが知られている．

JHの受容機構は長い間明らかではなかったが，2012年にmethoprene tolerantタンパク質（Met）がJHの受容体であることが報告された．これは脱皮ホルモンの受容体EcRの発表から約20年後である．しかし，依然としてJHの結合部位の立体構造は明らかにはなっていない．JH類の分子レベルにおける作用機構は脱皮ホルモンと同じように，図2.52に表した分子機構が考えられている．脱皮ホルモンとは異なり，脱皮ホルモンによる遺伝子調節作用に必須の補助因子であるTaiがMetに結合してJH関連遺伝子の転写翻訳を誘導すると考えられ

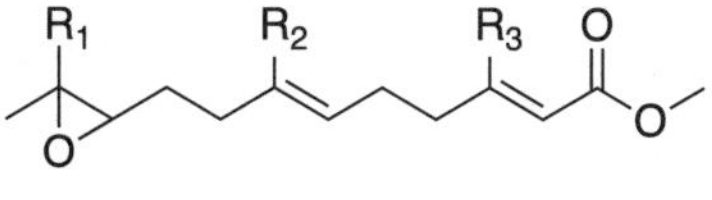

JH-0: $R_1=R_2=R_3=CH_2CH_3$; JH-I: $R_1=R_2=CH_2CH_3$, $R_3=CH_3$
JH-II: $R_1=CH_2CH_3$, $R_2=R_3=CH_3$; JH-III: $R_1=R_2=R_3=CH_3$

図2.51 代表的な幼若ホルモン（JH-0, I, II, III）の化学構造

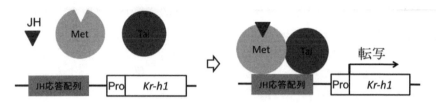

図 2.52 JH類の分子レベルにおける作用機構

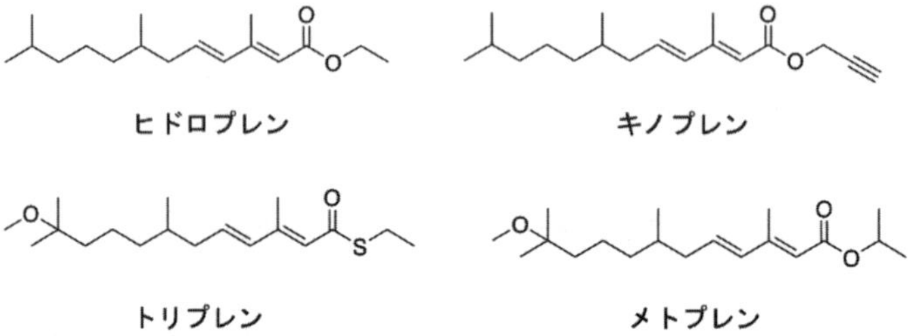

ヒドロプレン　　　　　キノプレン

トリプレン　　　　　メトプレン

図 2.53 実用化された JH類縁体の化学構造

ている．

　JH類に関しては，幼若性を維持させる（status quo）という作用性から，衛生害虫の防除剤として利用されてきた（図 2.53）．特にマラリアやデング熱といった重篤な病気を媒介するカに対して，幼虫に処理して成虫化を抑制するために用いられる．またわが国では，カイコを加齢脱皮させて大きな繭をつくるため，メトプレンが増繭剤として用いられたことがある．

　その後，JH様活性をもつフェノキシカルブやピリプロキシフェンが農業用殺虫剤として開発された（図 2.54）．中でもピリプロキシフェンはわが国で開発されたもので，コナジラミやカイガラムシといった害虫を対象としており，黄色のテープに染み込ませてオンシツコナジラミの防除に用いられる．これは黄色に誘引されるオンシツコナジラミの習性を利用するもので，農薬を散布する必要がな

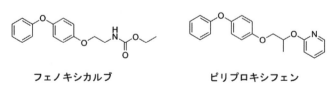

フェノキシカルブ　　　　　ピリプロキシフェン

図 2.54 農業用殺虫剤として利用されている JH様活性化合物

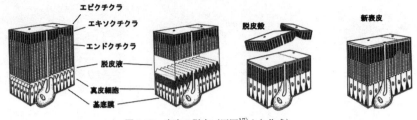

図 2.55　表皮の脱皮（原図[17]より作成）

く，環境に対する影響を少なくできる．

2.3.4　昆虫の表皮とキチン合成阻害剤（IRAC 分類 15, 16）

昆虫は脱皮にともなって，新しい表皮をつくる必要がある．昆虫の表皮は，キチンとタンパク質を主成分とする強固なクチクラ層からなっていて，それが昆虫の外骨格を形成している（図 2.55）．哺乳類はキチンをもたないことから，キチンの生合成を阻害する化合物は，昆虫ホルモン様化合物と同様に安全性の高い殺虫剤になりうる．

糸状菌においては，キチン合成酵素（chitin synthase, CHS）が UDP-N-アセチルグルコサミンを基質としてキチン鎖を伸ばしていくことがわかっている．そして，UDP-N-アセチルグルコサミンに構造が似ているポリオキシンやニッコウマイシンがこの CHS を拮抗阻害し，ポリオキシンは殺菌剤として利用されてい

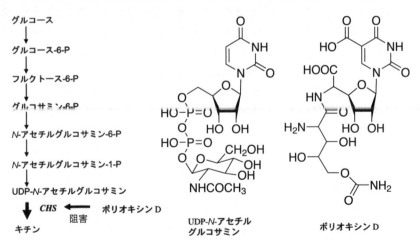

図 2.56　キチン合成経路と UDP-N-アセチルグルコサミンおよびポリオキシン D の構造

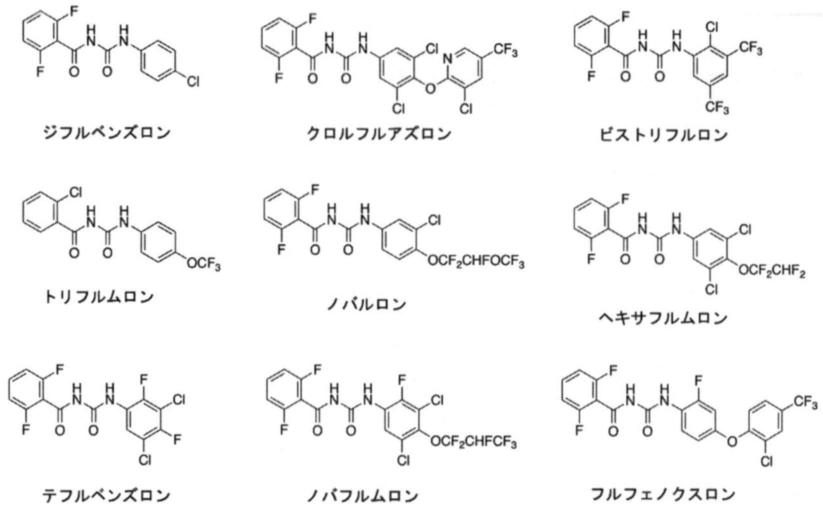

図 2.57 実用化されたベンゾイルフェニルウレア類の化学構造

る（**図 2.56**）．これらポリオキシンやニッコウマイシンなどの殺菌剤は，昆虫から調製したキチン合成酵素に対しても阻害活性を示すことがわかっている．

昆虫のキチン合成を阻害するベンゾイルフェニルウレア（BPU）化合物は，尿素の一方の N がベンゾイル，もう一方の N がフェニルで置換された構造をもち，脱皮変態をターゲットとした農業用殺虫剤として最も早く実用化された（**図 2.57**）．BPU 類は，除草剤のジクロベニルとジウロンの構造を合わせた化合物を合成すれば，新たな除草剤が見いだされるというアイデアに基づく研究の過程で偶然発見された．最初に合成された BPU は除草活性を示さなかったが，除草活性の試験中に試験作物についていた虫が脱皮不全で致死しているのが見つかり，殺虫剤の開発につながったという．

これまでにベンゾイル部とフェニル（あるいはアニリン）部にさまざまな置換基が導入され，ジフルベンズロン，クロルフルアズロン，ビストリフルロン，トリフルムロン，ノバルロン，ヘキサフルムロン，テフルベンズロン，ノバフルムロン，フルフェノクスロンが殺虫剤あるいは殺ダニ剤として開発されている（**図 2.57**）．BPU 類はシロアリ防除のベイト剤（材木に BPU 類を混ぜてシロアリに巣まで運ばせる目的でつくられた）としても利用可能である．即効性がないため，運搬中に死に至ることなく薬剤が巣まで運ばれ，コロニー全体に効果を及ぼ

2.3 脱皮・変態を攪乱する薬剤

すことができる.

BPU類を昆虫に処理するとキチン含量が低下すること,またBPUの架橋構造―CONHCONH―が環化すると,基質UDP-N-アセチルグルコサミンやポリオキシンDのウラシル構造になることから,作用点はポリオキシンやニッコウマイシンと同じく,キチン合成酵素ではないかと考えられた(図2.56).しかしBPU類は,昆虫や微生物から調製した無細胞系においてキチン合成酵素(CHS)を阻害することはなく,基質との拮抗も認められなかった.

その後,さまざまな仮説(基質の輸送阻害,CHSチモーゲン活性化の阻害,キチナーゼやフェノールオキシダーゼの阻害,グルコースからフルクトース-6-Pへのリン酸化の阻害,膜輸送系の阻害など)が提唱されたが,いずれも決定的な証拠はなく,いまだに作用機構は不明である.

BPU類以外のキチン合成阻害型の殺虫剤としては,エトキサゾールやブプロフェジンが知られている(図2.58).近年,殺ダニ剤エトキサゾールに対して抵抗性を示すハダニ(*Tetranychus urticae*)でキチン合成酵素CHS1に変異(I→M/F)が見つかり(表2.2),同じ変異がBPU抵抗性コナガ(*Plutella xylostella*)およびミナミキイロアザミウマ(*Frankliniella occidentalis*)においても見いだされることから,BPUの作用点はやはりCHSではないかとの議論がある[18].

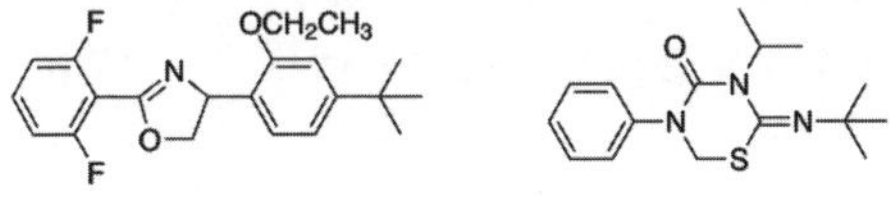

エトキサゾール　　　**ブプロフェジン**

図2.58　その他のキチン合成阻害剤の構造式

表2.2　キチン合成酵素CHS1の部分配列のアミノ酸変異

生物種	CHS1の部分アミノ酸配列
コナガ(野生型)	IIYLLSIPSMYLLLILYSTIN
コナガ(抵抗性1)	IIYLLSMPSMYLLLILYSTIN
コナガ(抵抗性2)	IIYLLSFPSMYLLLILYSTIN
ハダニ(野生型)	LLYFLSIPCMYLLLMIYSLVN
ハダニ(抵抗性)	LLYFLSFPCMYLLLMIYSLVN
ミナミキイロアザミウマ(野生型)	IIYLMAIPSMYLLLILYSIIN
ミナミキイロアザミウマ(抵抗性)	IIYLMAMPSMYLLLILYSIIN

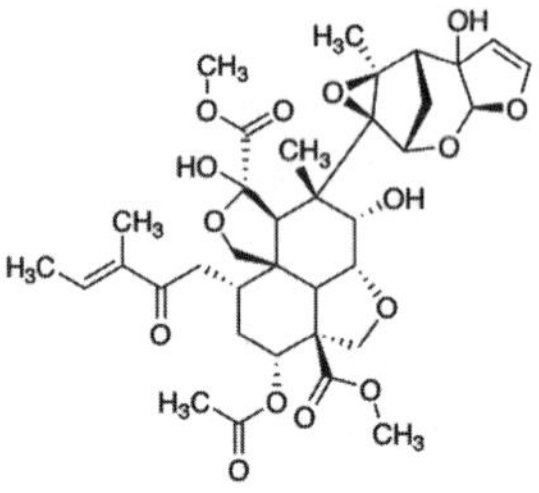

アザディラクチン

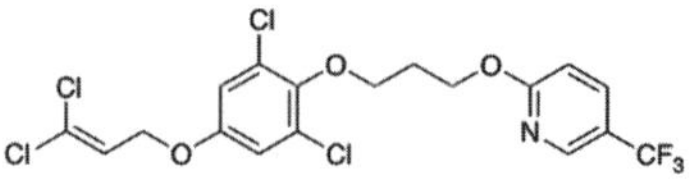

図 2.59 IRAC 分類 UN の薬剤

2.4 その他の薬剤（IRAC 分類 UN）

その他，これまでに作用機構が明らかになっていない殺虫剤として図 2.59 に示すようなものがある．アザディラクチンはインドセンダンの抽出物であるニームオイルの主成分である．ニームオイルは現在日本における殺虫剤としての登録はないが，海外では数か国で登録があり，天然物由来の薬剤として使用されている．産卵抑制，摂食阻害，脱皮・変態の阻害など脱皮ホルモン様の作用を示す．ピリダリルはチョウ類やアザミウマ類の害虫に対して高い殺虫活性を示す．既存の薬剤と交差耐性を示さず，また天敵など有益昆虫に対する影響も少ないことから，総合防除（IPM，第 7 章参照）で用いられる．

引用・参考文献
1) Matsuda, K. : *Top. Curr. Chem.*, **314**, 73-82（2012）
2) Kikuta, Y. *et al.* : *Plant J.*, **71**, 183-193（2012）
3) Katsuda, Y. : *Top. Curr. Chem.*, **314**, 1-30（2012）
4) Narahashi, T. : *Trends Pharmacol. Sci.*, **13**, 236-241（1992）
5) Dong, K. *et al.* : *Insect Biochem. Mol. Biol.*, **50**, 1-17（2014）
6) Matsuda, K. *et al.* : *Trends Pharmacol. Sci.*, **22**, 573-580（2001）
7) Ihara, M. *et al.* : *Curr. Med. Chem.*, **24**, 2925-2934（2017）
8) Ozoe, Y. : *Adv. Insect Physiol.*, **44**, 211-286（2013）
9) ffrench-Constant, R. H. *et al.* : *Proc. Natl. Acad. Sci. USA*, **88**, 7209-7213（1991）
10) ffrench-Constant, R. H. *et al.* : *Nature*, **363**, 449-451（1993）
11) 岩村　俶他：農薬の開発 Vol. III（矢島治明編），pp.537-557, 廣川書店（1993）
12) 日本植物防疫協会：農薬ハンドブック，pp.2-27（2011）
13) Sussman, J. L. *et al.* : *Science*, **253**, 872-879（1991）

14) Harel, M. *et al.*：*Proc. Natl. Acad. Sci. USA*, **90**, 9031-9035（1993）
15) 中川好秋・宮川　恒：植物を守る（佐久間正幸編），pp.123-150，京都大学学術出版会（2008）
16) Yao, T. -P. *et al.*：*Nature*, **366**, 476-479（1993）
17) Nijhout, H. F.：Insect Hormones, pp.51-88, Princeton University Press（1994）
18) Douris, V. *et al.*：*Proc. Natl. Acad. Sci. USA*, **113**, 14692-14697（2016）

3 殺　菌　剤

　植物の病害はおもに糸状菌，細菌およびウイルスによって引きおこされる．この中で大部分を占めているのは糸状菌による病害であり，今日数多くの防除剤（特にこれを殺菌剤と呼ぶ）が開発されている．植物感染性細菌はグラム陰性の桿菌が主であるといわれており，ストレプトマイシン等の抗生物質が使用されている．植物ウイルスはおもに媒介昆虫（ベクター）などによって植物体内に侵入し発症する．ウイルス病の防除法は細菌や糸状菌の防除法とは異なり，その媒介昆虫を殺虫剤により防除するか，またはウイルスフリーの種苗を導入する方法がとられる．

3.1 殺菌剤の分類

　殺菌剤の分類は，薬剤の処理方法や使用時期，またはその移行性によって分類することができる．さらに，作用機構でも分類される．
　現在使用されている殺菌剤を化学構造によって分類・整理することもできる

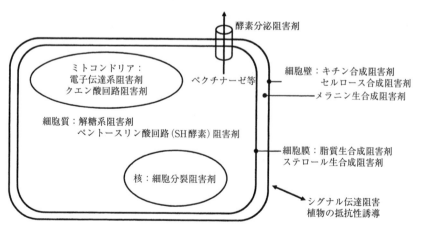

図3.1　糸状菌のおもな阻害剤標的部位

が，化学構造が異なっていても阻害部位/作用機構が同一であれば化学的防除剤として同一であるとみなすことができる．世界的には，農業用殺菌剤はFungicide Resistance Action Committee (FRAC) により薬剤が標的とする生化学的作用部位をもとに分類されている．そこで本章では，FRACコード表の分類に従い，殺菌剤が生化学的作用部位をどのように阻害するのかについて述べる．本章で用いた作用機構および標的部位の表現はFRAC分類法を参照し，FRACコード（A〜IおよびP）を示している．現在使用されている殺菌剤のおもな阻害部位を図3.1に示した．なお，本章で紹介する殺菌剤の中にはわが国で登録を失効したものもある．それらは独立行政法人農林水産消費安全技術センター（FAMIC）のホームページで確認することができる．

3.2 ミトコンドリア電子伝達系阻害剤

3.2.1 ミトコンドリア電子伝達系の構成（FRAC分類C）

ミトコンドリアは「生物界共通のエネルギー通貨」とも呼ばれるアデノシン三リン酸（adenosine triphosphate, ATP）の合成を行う細胞小器官であり，真核生物のエネルギー代謝を担っている．ミトコンドリア内膜に存在する電子伝達系酵素（呼吸鎖酵素）はプロトン輸送能をもっており，これによって内膜を介してプロトンの電気化学ポテンシャル勾配が形成される（図3.2A）．このプロトンの電気化学ポテンシャル勾配が駆動力となって，ATP合成酵素が回転してATPが合成される．このメカニズムがMitchellによって提案された化学浸透圧理論である（1978年ノーベル化学賞）．ATP合成酵素は，地上最小の分子モーターである．

電子伝達系酵素は，NADH（ニコチンアミドアデニンジヌクレオチドの還元型）-キノン酸化還元酵素（複合体-I），コハク酸-キノン酸化還元酵素（複合体-II），キノール-シトクロム c 酸化還元酵素（複合体-III），シトクロム c 酸化酵素（複合体-IV），ATP合成酵素（複合体-V）の5つの酵素から構成される（図3.2A）．これらの各酵素は複数のサブユニットから構成されているため，タンパク質複合体と呼ばれる．複合体-IIIと複合体-IVの間の電子移動は可溶性のタンパク質であるシトクロム c (cyt c) が担っている．プロトン輸送活性をもつのは複合体-I，複合体-IIIおよび複合体-IVであり，複合体-IIはもたない．図3.2Aの結晶構造のうち，複合体-IIIと複合体-Vは二量体として結晶化されているためそ

のまま示したが,実際のサイズはそれぞれ図に描かれているものの 1/2 である.

呼吸基質（NADH およびコハク酸）から酸素分子までの電子の流れを図 3.2B に示した.NADH およびコハク酸は,ミトコンドリアマトリックス内の TCA 回路（クエン酸回路）で生産される.複合体-I および複合体-II はキノン（Q）をキノール（QH_2）に還元し,キノールから複合体-III → cyt c →複合体-IV という経路を経て,最終的に酸素分子に電子が渡され水が生成する.複合体-I および複合体-II には 1 か所のキノン反応部位しかないが,複合体-III にはキノールがキノンに酸化される部位（Qo 部位）と,キノンがキノールに還元される部位（Qi 部位）の 2 か所のキノン反応部位がある.阻害剤はキノン反応部位かその近傍に結合するものが多く,複合体-I ～複合体-III に作用する特異的阻害剤が多数知ら

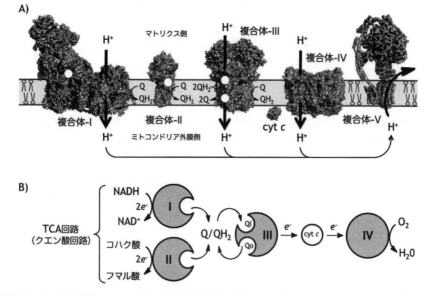

図 3.2 A：ウシ心筋ミトコンドリアの電子伝達酵素（複合体-I ～複合体-V およびシトクロム c）の結晶構造,B：ミトコンドリア電子伝達系の電子の流れ

A：複合体-III と複合体-IV は二量体として表示している.各酵素の相対的な大きさは,実サイズを反映している.複合体-I ～複合体-III においてユビキノンが反応する位置を膜断面上に白丸で表したが（酵素表面に露出したように描いている）,三次元的な位置は正確ではないので注意すること.
B：呼吸基質（NADH あるいはコハク酸）から複合体-I と複合体-II に電子が渡され,ユビキノン（Q）がユビキノール（QH_2）に還元される.その後,複合体-III →シトクロム c（cyt c）→複合体-IV →酸素分子へと電子が順次渡されていく.

れている．一方，キノン反応部位をもたない複合体-Ⅳの特異的阻害剤は報告されていない．ATP合成酵素（複合体-Ⅴ）を阻害する天然物はいくつか知られているが，農薬として利用されているものはない．

キノンの種類は生物によって異なり，哺乳類ではユビキノンのみが，バクテリアではユビキノンとメナキノンが存在し，生育する環境変動などによってユビキノン/メナキノン含量比が多少変化する．ミトコンドリア内膜中におけるキノンの含有量は，各複合体に比べて10倍ほど多くなっていることから「キノンプール」と呼ばれることがある．

図3.2に示した電子伝達酵素に加え，植物やカビのミトコンドリアやバクテリア細胞膜の呼吸鎖には，1つのタンパク質で構成され，プロトン輸送能をもたないタイプのNADH-キノン酸化還元酵素（NDH-2タイプ）が存在する．NDH-2はマトリックス内のNADH/NAD$^+$比やキノンプールの酸化還元状態（キノン/キノール比）を調節しているものと予想されている．また，カビのミトコンドリアやバクテリアの呼吸鎖には，キノールから直接的に電子を受け取る末端キノール酸化酵素が存在し，この酵素にもプロトン輸送能をもつものともたないものの2種類が存在する．NDH-2や末端キノール酸化酵素に作用する農薬は知られていない．

電子伝達酵素が阻害されるとなぜ殺菌効果が現れるのだろうか？　一義的には，プロトンの電気化学ポテンシャル勾配が十分に形成されなくなり，ATPの生合成が抑制されることが挙げられる．また，NADH/NAD$^+$，コハク酸/フマル酸，あるいはキノン/キノールのバランス（平衡）が正常に保たれなくなり，ミトコンドリアのエネルギー代謝全般が乱される．さらに，電子伝達が阻害され電子伝達酵素内に埋め込まれているフラビンなどの補酵素（cofactor）が異常に還元されることによって，補酵素から酸素分子に電子がリークして発生する活性酸素の細胞毒性も無視できないと考えられる．

3.2.2　複合体-Ⅲに作用する殺菌剤

複合体-Ⅲにはキノールがキノンに酸化される部位（Qo部位）と，キノンがキノールに還元される部位（Qi部位）の2か所のキノン反応部位があることを先に述べた（図3.2B）．Qo部位で2個のキノール分子が酸化される過程で，Qi部位で1個のキノンが還元され，この反応によって2個のプロトンが輸送される．これをQ-サイクル機構という[1]．

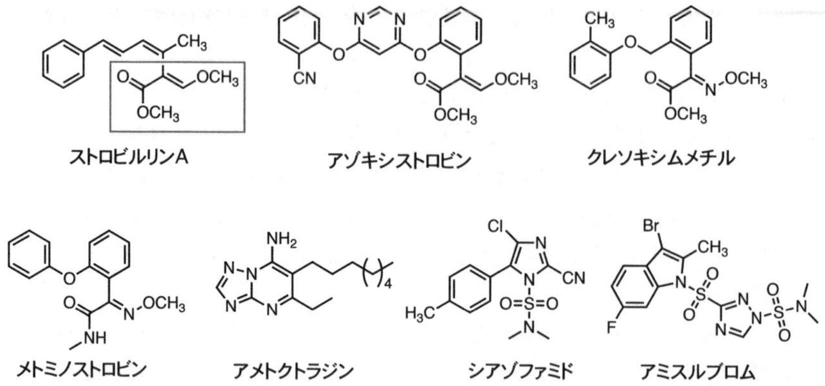

図3.3 ミトコンドリア複合体-Ⅲに作用する殺菌剤の例
ストロビルリンAのβ-メトキシアクリレート構造を四角で囲んでいる.

a. Qo部位阻害剤（FRAC分類C3）

複合体-Ⅲをターゲットとする農業用殺菌剤として初めて開発されたのが，ストロビルリン系化合物のアゾキシストロビンである（図3.3，1997年に上市，日本では1998年に初回登録された）．アゾキシストロビンは，Qo部位に結合してキノールの酸化を阻害する天然物ストロビルリンAの構造改変から得られた化合物であり，その後，多数のストロビルリン系化合物が開発された（例えば，クレソキシムメチルやメトミノストロビン，図3.3）．ストロビルリン系化合物は，べと病菌のような卵菌，いもち病菌やうどんこ病菌のような子嚢菌，さび病菌のような担子菌，さらには*Alternaria*属菌のような不完全菌に至るまで幅広い抗菌活性をもち，現在では世界で使用される殺菌剤の中で重要な位置を占めている．

初期のストロビルリン系化合物は，活性に必須の骨格（ファーマコフォアー）としてβ-メトキシアクリレート構造をもっていたために，β-メトキシアクリレート系化合物とも呼ばれる．その後，クレソキシムメチルやメトミノストロビンにみられるように，この部分構造はさまざまな構造展開を遂げた．

b. QoS部位阻害剤（FRAC分類C8）

Qo部位に作用する阻害剤は，その微妙な結合部位のちがいから2つのサブクラスに分けられている．これは，Qo部位におけるキノールの酸化反応にともなって，Qo部位を構成するサブユニットタンパク質（Rieske [2Fe-2S] protein）に大きな構造変化が起きることに起因している．2011年に上市されたアメ

トクトラジン（図3.3）は，ストロビルリン系化合物とは違うサブクラス（QoS部位）に分類されている．

c. Qi部位阻害剤（FRAC分類C4）

Qi部位の阻害剤としては，天然物アンチマイシン類が有名であるが，種選択性に乏しく農業用殺菌剤としては実用化されていない．実用的な殺菌剤としては，シアゾファミドやアミスルブロムがある（図3.3）．しかし化合物の構造的なバリエーションからみると，Qo部位に作用する阻害剤が圧倒的に多い．

3.2.3 複合体-Ⅱに作用する殺菌剤（FRAC分類C2）

1970年代にカルボキシアミド（あるいはフェニルベンズアミド）骨格をもつ化合物が，担子菌類によって引きおこされる病害にすぐれた防除効果を示す殺菌剤として開発され（カルボキシンやフルトラニル，**図3.4**），その作用が複合体-Ⅱにおけるキノン還元反応の阻害によることが明らかにされた．しかし，その抗菌スペクトルの狭さから適用される病害の範囲が限られていたところ，1990年代に多様な構造へと展開された結果，ボスカリド，ペンチオピラド，イソピラザム（図3.4）など，幅広い重要病害に有効な薬剤が相次いで登場した．わが国の特徴であろうが，これら複合体-Ⅱ阻害剤の開発はイネ紋枯病の水面施用剤の開発につながった．

複合体-Ⅱのキノン結合部位に作用するこのグループはその後も活発に構造変換が試みられ，2011年にはアニリド骨格をもたないフルオピラムが，さらに2017年にはアミド構造に隣接して4級炭素を有するイソフェタミドが開発された．

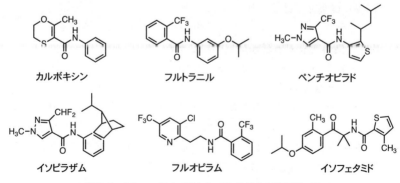

図3.4 ミトコンドリア複合体-Ⅱに作用する殺菌剤の例

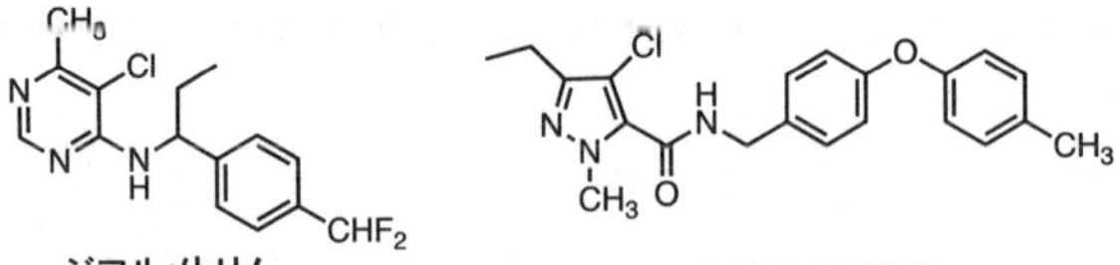

図3.5 ミトコンドリア複合体-Iに作用する殺菌剤の例

3.2.4 複合体-Iに作用する殺菌剤（FRAC分類C1）

1990年後半以降，複合体-Iをターゲットとする多数の殺虫・殺ダニ剤が開発されてきたことから，殺菌剤のターゲットとしても有望であると考えられ，さかんに研究が行われてきた．しかし，現在のところおもに園芸植物を対象にしたジフルメトリムが使用されているのみで（図3.5），広い抗菌スペクトルをもった汎用性の高い殺菌剤の開発には至っていない．殺虫・殺ダニ剤として開発されたトルフェンピラド（図3.5）は，一部の病原菌に効果を発揮することが知られている．

3.2.5 複合体-Ⅳおよび複合体-Ⅴに作用する殺菌剤

先に述べたように，複合体-Ⅳにはキノン反応部位がなく，現在のところ特異的阻害剤は知られていない．複合体-Ⅳを阻害することが知られているシアン化物（CN^-）の作用は金属反応中心であるヘム鉄への結合によるもので，特異的な阻害とはいえない．ATP合成酵素（複合体-Ⅴ）を特異的に阻害する化合物としては天然物のオリゴマイシンやオウロベルチンが知られているが，農薬として利用されているものはない．かつて登録のあったトリフェニルスズ系化合物（複合体-Ⅴを阻害）は現在では使われていない．

3.2.6 脱共役活性を有する殺菌剤（FRAC分類C5）

電子伝達酵素そのものをターゲットにしているわけではないが，ミトコンドリア呼吸鎖系に作用する殺菌剤としてフルアジナムがある．フルアジナムはミトコンドリア内膜の脂質層でプロトン輸送体（プロトノフォア）として働き，電子伝達酵素が形成したプロトンの電気化学ポテンシャル勾配を消失させることでATPの合成を阻害する（図3.6A）．このように電子伝達酵素とATP合成酵素とのプロトンを介した共役反応を「切る」薬剤を脱共役剤と呼ぶ．

化合物がプロトン輸送体として機能するためには適度な酸性をもつプロトン解

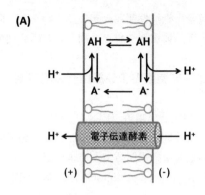

図3.6 A：フルアジナムのミトコンドリア内膜での働き，B：フルアジナムの構造とグルタチオン（GSH）が塩素原子を求核置換するメカニズム
A：脱共役剤（AH）はミトコンドリア内膜でプロトン輸送体として働き，電子伝達酵素が形成したプロトンの電気化学ポテンシャル勾配を消失させる．ミトコンドリア内膜脂質層で酸解離平衡状態にあり（AH $\rightleftharpoons$ A$^-$＋H$^+$），解離型分子（A$^-$）は膜電位に沿って電気泳動的に膜内を一方向に拡散する．B：フルアジナムでは，分子中央の—NH—が酸解離する．

離基が必要なため，脱共役剤には化学構造上の共通性として解離基の酸性度を調節する複数の電子求引性置換基が存在する．この特徴はフルアジナムにも認められ，複数の電子吸引性基の効果が結果的に2つの芳香環に挟まれたN—Hにプロトン輸送体に適した酸性度を与えている．

脱共役剤には特異的に結合する標的タンパク質がなく，すべての生物に共通のATP生産メカニズムを阻害することから，高い選択性は期待できないと信じられてきた．しかし，フルアジナムの哺乳動物に対する毒性は低く，この選択性は生物種間の解毒代謝能力のちがいによって生じると考えられている．フルアジナムのベンゼン環上の塩素原子は，電子求引基の効果で脱離しやくすなっており，この部分でグルタチオンによる求核置換（グルタチオン抱合）を受けやすい[2]）（図3.6B）．抱合を受けたフルアジナムは，分子全体の疎水性が減少してミトコンドリア内膜へ移行できずその活性を失う．特定の標的タンパク質をもたないフルアジナムは，世界中ですでに20年以上も使用されているが，（一部地域での灰

色かび病耐性を除き）顕著な抵抗性問題は起こっていない．同じく脱共役活性を有するクロルフェナピルは，殺虫剤や殺ダニ剤として広く使用されている．

3.3 細胞膜および細胞壁の阻害剤

3.3.1 細胞膜のステロール生合成阻害（FRAC 分類 G）

細胞膜は，構成脂質と機能性脂質と呼ばれる2種類の脂質によって構成されている．糸状菌の細胞膜の重要な構成脂質であるエルゴステロールの生合成阻害剤を EBI 剤（ergosterol biosynthesis inhibitor）と呼ぶ．EBI 剤を処理した糸状菌はエルゴステロールを生合成できないため，正常な膜構造が維持されず，菌糸の先端が膨潤した特徴的な形態異常を示し伸長が停止する．つまり，EBI 剤は胞子発芽を阻害しないが，発芽後の発芽管伸長や菌糸の伸長を阻害し，植物体への侵入を阻害する．

EBI 剤の標的部位は，Ⅰ）C14 位の脱メチル化，Ⅱ）Δ^{14} 還元酵素および $\Delta^{8}\rightarrow\Delta^{7}$-イソメラーゼ，Ⅲ）C4 位脱メチル化における 3-ケト還元酵素，およびⅣ）ステロール生合成系のスクワレンエポキシダーゼ，の4種に分類することができる．糸状菌のエルゴステロールの生合成経路と阻害剤の阻害部位を図 3.7 に示した．

a. ステロール生合成の C14 位の脱メチル化阻害（脱メチル化阻害剤）（FRAC 分類 G1）[3]

本グループの殺菌剤は，酸化酵素シトクロム P450 によるラノステロールの C14 位の脱メチル化反応を阻害する含窒素芳香族複素環骨格をもつ，シトクロム P450 阻害剤（demethyl inhibitor, DMI）である．シトクロム P450 によるラノステロール 14 位の脱メチル化反応機構は，1）シトクロム P450 の 3 価のヘム鉄に電子伝達系から 1 電子が供給されて還元された 2 価のヘム鉄となり，2）これに酸素分子が配位し，[P450—Fe^{3+}—O_2^-] 複合体を形成後，3) 14 位のメチル基を酸化しヒドロキシメチル体となり，4）このヒドロキシメチル基がギ酸として脱離する 4 段階の反応過程によって生じている．この反応と脱メチル化阻害剤（DMI 殺菌剤）の推定阻害部位を図 3.8 に示した．DMI 殺菌剤の複素環内窒素原子は，14 位脱メチル化反応の鍵酵素の活性中心であるポルフィリン環のヘム鉄原子と配位結合するため（図 3.9），酸素分子がヘム鉄と配位できなくなり，14 位のメチル基が酸化されない．したがって DMI 殺菌剤は，阻害中心として作

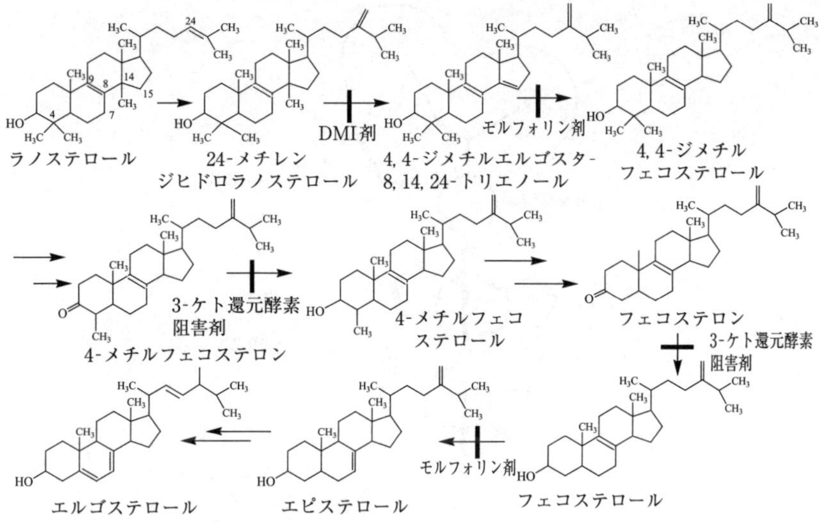

3.3 細胞膜および細胞壁の阻害剤

図3.7 糸状菌のエルゴステロール生合成経路と殺菌剤の阻害部位

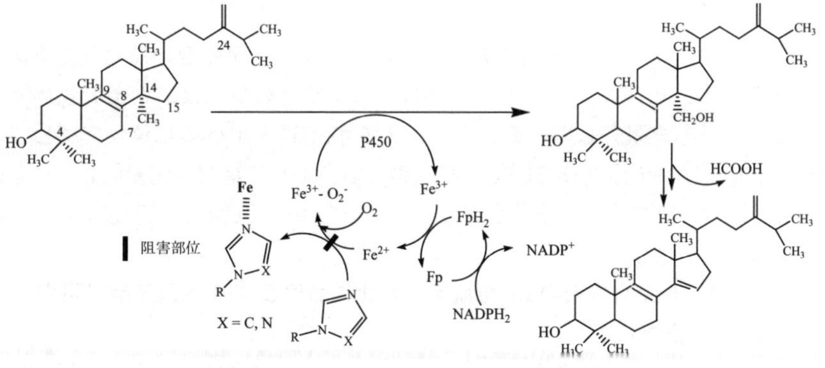

図3.8 脱メチル反応とDMI剤の阻害部位[3]

用する環内窒素原子を含むピリジン，ピリミジン，イミダゾールおよび1,2,4-トリアゾール等の含窒素芳香族複素環と疎水的相互作用をする置換基との多様な組み合わせが可能であり，浸透移行性の高い選択的殺菌剤として多くの誘導体が開発されている．その一例を図3.10に示した．

b. ステロール生合成におけるΔ^{14}還元酵素および$\Delta^8 \rightarrow \Delta^7$-イソメラーゼ阻害

本グループの殺菌剤の構造的特徴は，すべてモルフォリン環をもつことであり

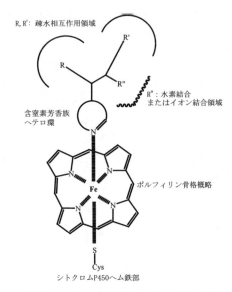

図 3.9　シトクロム P450 と DMI 剤の結合様式

(図 3.10), $\Delta^8 \to \Delta^7$ の二重結合の転位反応と C14 位の二重結合の還元反応を阻害する (図 3.7). モルフォリン系化合物は, 二重結合の転位反応と還元反応という異なった反応を阻害しているようにみえるが, $\Delta^8 \to \Delta^7$ への転位反応ではまず還元反応を受け反応中間体を経て, 脱水素反応により二重結合が転位している. このことからモルフォリン系化合物は, 二重結合の還元反応を阻害している可能性がある.

c. **ステロール生合成系の C4 位脱メチル化における 3-ケト還元酵素阻害 (FRAC 分類 G3)**[4]

アミノピラゾリン系化合物のフェンピラザミンは, C3 位のケトンを還元する 3-ケト還元酵素を阻害する (図 3.10). 3-ケト還元酵素は, エルゴステロール生合成系のメチルフェコステロンおよびフェコステロンの 3 位のケトンを還元し, メチルフェコステロールおよびフェコステロールを生成する (図 3.7). アミノピラゾリン系化合物の必要な構造的特徴は, 1) ベンゼン環のオルソ位の置換基, 2) ピラゾリン環のケトン構造, および 3) ピラゾリン環 5 位のアミノ基 (NH_2) である. 近年, 農薬の開発では本来の防除効果のみならず, 環境への配慮 (環境動態) が重要視されている. アミノピラゾリン系化合物では, オルソ位を塩素

3.3 細胞膜および細胞壁の阻害剤

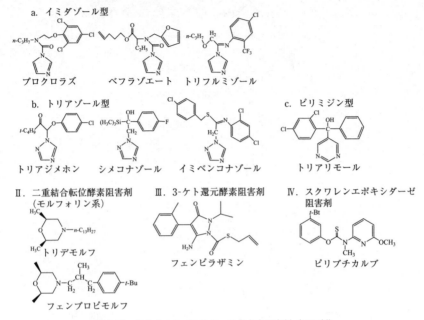

図3.10 おもなエルゴステロール生合成阻害剤（EBI剤）

(Cl) からメチル (CH₃) 基に置換することにより，殺菌活性を維持しながら土壌中で速やかに分解する物理化学的性状を有するものが選択，開発されている．同じ作用機構を示す殺菌剤として，ヒドロキシアニリド（酸アミド）系化合物がある．

d. ステロール生合成系のスクワレンエポキシダーゼ阻害（FRAC分類 G4）[5)]

スクワレンエポキシダーゼは，NADPH-シトクロム P450 還元酵素と共役して，NADPH 存在下，基質の直鎖状化合物であるスクワレンに最初に分子状酸素を添加し，2,3-オキシドスクワレンを生成するコレステロール生合成過程で，HMG-CoA 還元酵素と同様に重要な役割を果たしているフラビン酵素である（図 3.11）．チオカーバメート系化合物のピリブチカルブ（図 3.10）は，このスクワレンエポキシダーゼを阻害する．わが国では殺菌作用のみならず，スズメノカタビラやメヒシバなどの一年生イネ科雑草の発芽を抑制するため，芝用の除草剤としても使用されている．

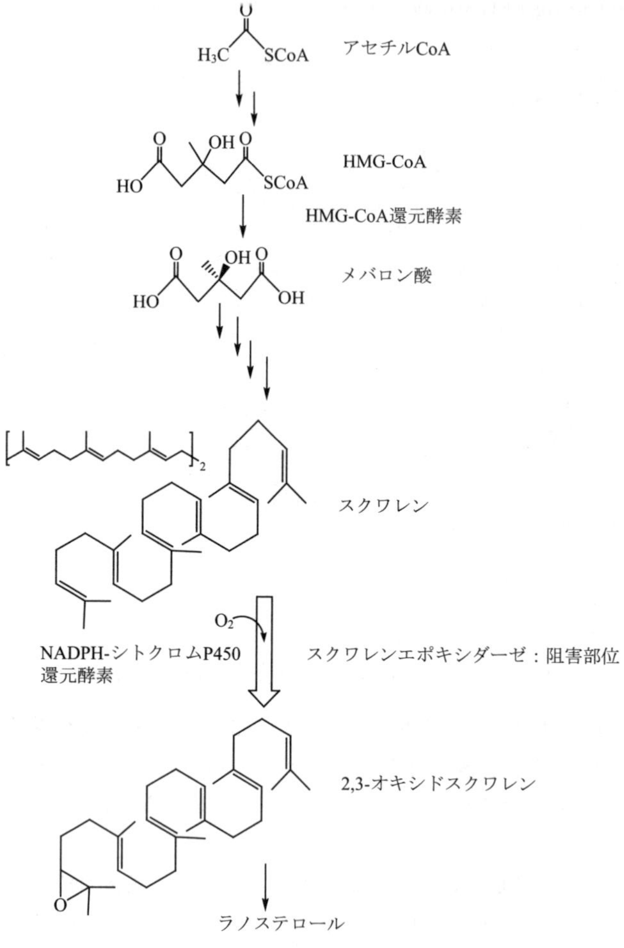

図3.11 スクワレン生合成経路と阻害部位[5]

3.3.2 脂質生合成または輸送/細胞膜の構造または機能阻害（FRAC分類F）

リン脂質は，生体膜系を構成する主要な膜構成成分としてのみならず，細胞内情報伝達経路やタンパク質の膜へのアンカーとしても重要な役割を果たす．その構成成分によりグリセロール骨格を有するグリセロリン脂質とスフィンゴシン骨格を有するスフィンゴリン脂質に大別される．これらを阻害する殺菌剤の標的部位は，Ⅰ）リン脂質生合成，メチルトランスフェラーゼ，Ⅱ）脂質の過酸化，

Ⅲ) 細胞膜透過性，脂肪酸，Ⅳ) 脂質恒常性および輸送・貯蔵，の4種に分類できる．

a. リン脂質生合成，メチルトランスフェラーゼ阻害（FRAC 分類 F2）

有機リン酸系ホスホロチオレート類とジチオラン類に属する殺菌剤は，リン脂質の中でもグリセロリン脂質の生合成を阻害する．その阻害部位は，安定同位体を用いたトレーサー実験の結果，ホスファチジルエタノールアミンからホスファチジルコリン（レシチン）を生合成する過程（Greenberg 経路）の，N-メチル基の転位反応であった（図 3.12）．これは，ホスファチジルエタノールアミンメチルトランスフェラーゼの阻害である可能性が高い．イソプロチオランは，いもち病菌の生活環の中でも，特に付着器からの侵入菌糸形成を 1〜2 ppm の濃度で強く阻害する．一方，胞子からの発芽や胞子形成の阻害作用は 200 ppm 以上とその作用は弱い．また，世界で最初に有機リン酸エステル系殺菌剤として開発された IBP，EBP および EDDP も同様にホスファチジルコリンの生合成阻害作用を示す．このように，化学構造は有機リン酸エステル，マロン酸エステルと異なっているが，その作用機構の共通性より，活性発現には両者に共通している硫

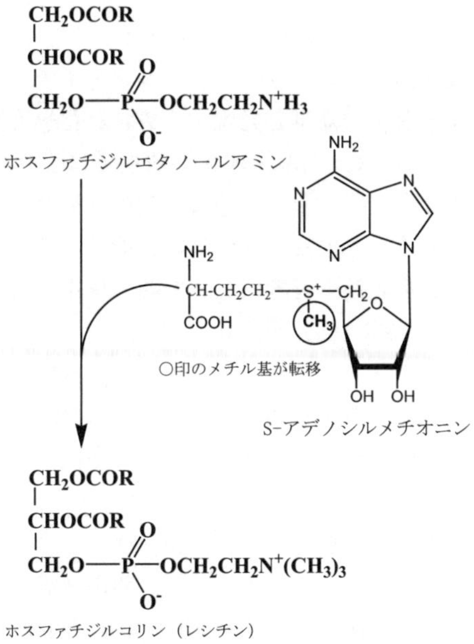

ホスファチジルエタノールアミン

○印のメチル基が転移

S-アデノシルメチオニン

ホスファチジルコリン（レシチン）

図 3.12 ホスファチジルコリンの生合成経路

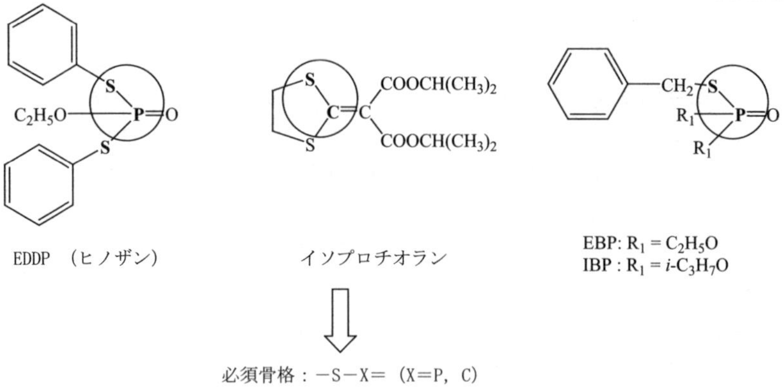

図 3.13 脂質生合成阻害剤（I）

EDDP（ヒノザン）　イソプロチオラン

EBP : $R_1 = C_2H_5O$
IBP : $R_1 = i\text{-}C_3H_7O$

必須骨格： $-S-X=$（X=P, C）

黄と結合した二重結合を含む骨格（$=X-S$；X=P, C）が重要であるようだ（図3.13）．

ジチオラン類のイソプロチオランは，イネの病害（いもち病，小粒菌核病）やナシなどの果樹白紋羽病の殺菌剤として用いられる．それだけでなく，ウンカに対する脱皮阻害作用，さらに植物成長調節作用としてイネの育苗時のムレ苗防止・健苗育成効果と登熟向上効果，カーネーション・イチゴ・果樹苗木などの生育促進効果を示し，多彩な生物効果を発現するまれな化学物質である．一方，ホスホロチオレート類の IBP は，その物理化学的性質により，イネの根部や葉鞘部から吸収されてイネ体内に行きわたる結果，殺菌効果が持続し，かつ治療効果にもすぐれている．このイネへの浸透性が高い特徴は，粉剤あるいは液剤を直接散布する方法から水面施用粒剤を可能にし，農薬の施用法にも影響を与えた．

b. 脂質の過酸化阻害（FRAC 分類 F3）

有機リン系のトルクロホスメチルは，わが国では土壌生息糸状菌による土壌伝染性病害防除剤として使用されている（図3.14）．本剤は，対象病原菌の分裂の制御機能や運動機能に影響する．その作用機構の詳細は不明であるが，脂質の過酸化に分類されている．

c. 細胞膜透過性，脂肪酸阻害（FRAC 分類 F4）

プロピルカーバメート系のプロパモカルブは，卵菌綱病原菌の細胞膜に作用して膜透過性に影響するほか，胞子形成阻害作用も示す（図3.14）．本剤は，作物根部からの吸収移行性にすぐれており，土壌灌注施用の防除剤として用いられる．

3.3 細胞膜および細胞壁の阻害剤

II. 脂質の過酸化阻害剤

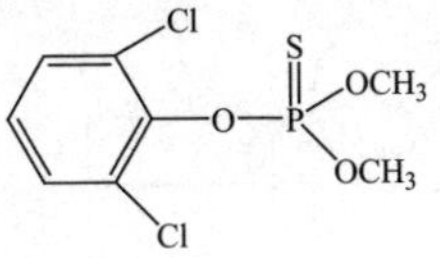

トルクロホスメチル

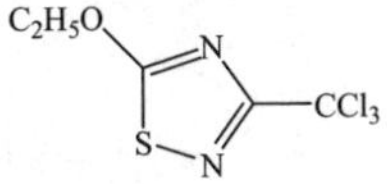

エクロメゾール

III. 細胞膜透過性阻害剤

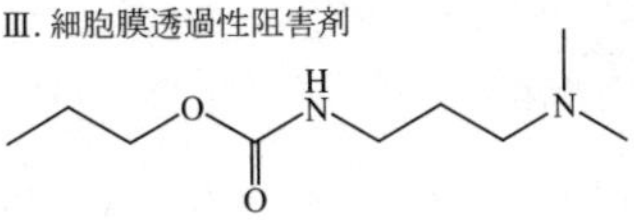

プロパモカルブ

IV. 脂質恒常性および輸送/貯蔵阻害剤

オキサチアピプロリン

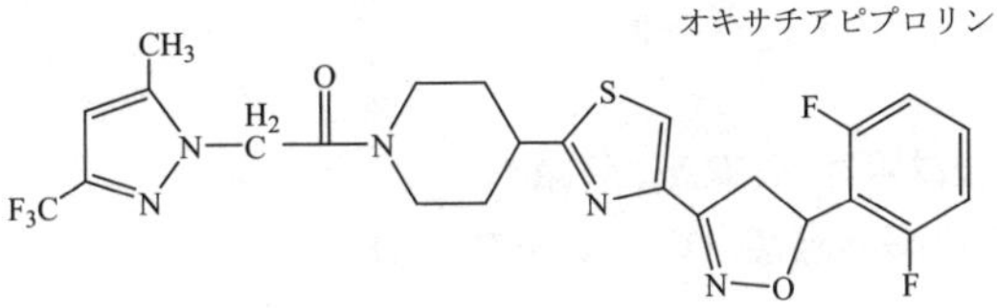

図 3.14 脂質生合成/輸送阻害剤（II〜IV）

d. 脂質恒常性および輸送/貯蔵阻害（FRAC 分類 F9）[6]

ピペジニル/アゾール/イソキサゾリン系のオキサチアピプロリンは，オキシステロール結合タンパク質（OSBP）に作用する阻害剤（OSBPI）である（図3.14）．オキサチアピプロリンは，卵菌綱病原菌に対し効果を示す．OSBP は，リガンドであるステロール（出芽酵母ではエルゴステロール，動物では酸化コレステロール（オキシステロール）およびコレステロール）の細胞内レセプターとして発見され，ステロールとの結合部位（SBD），小胞体の VAP との結合部位（FFAT モチーフ）およびゴルジ体のホスファチジルイノシトール 4-リン酸（PI-4P）との結合部位（PHD）からなる構造をもつ（図3.15）．脂質輸送タンパク質である OSBP は，ステロールを SBD で結合しゴルジ体へ輸送小胞非依存的に輸送する．この OSBP の機能は，ホスファチジルセリンの恒常性維持と輸送とされている．OSBP ファミリーは，酵母からヒトまで広く保存されており，特にヒトでは，がんやメタボリックシンドロームなどの疾患に関連していると考えられている．

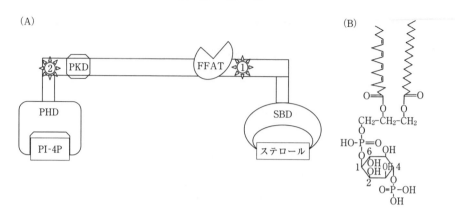

図 3.15 オキシステロール結合タンパク質 (OSBP) の構造模式図(A)と PI-4P の構造式(B)[6]
PI-4P：ホスファチジルイノシトール 4-リン酸，PHD：PI-4P との結合部位，SBD：ステロールとの結合部位，☼：リン酸化サイト，PKD：プロテインキナーゼ D によりリン酸化される部位，FFAT：小胞体膜タンパク質 (VAP) と結合するモチーフ．

3.3.3 細胞壁生合成阻害 (FRAC 分類 H)
a. キチン生合成酵素阻害 (FRAC 分類 H4)

放線菌 (*Streptomyces cacaoi* var. *asoensis*) が産生するポリオキシン類（ポリオキシン A～N の 14 の構造類似成分よりなる）は，UDP-*N*-アセチルグルコサミンに類似の骨格をもつ（**図 3.16**）．そのためポリオキシン類の作用機構は，糸状菌の細胞壁構成成分であるキチンの合成酵素系，特にキチン合成酵素を拮抗的に阻害する．また菌糸は，先端がゴム風船のような球状に膨潤する特徴的な形態異常を示す．

b. セルロース生合成酵素阻害 (FRAC 分類 H5)

本グループは，その構造的特徴がカルボン酸アミドであることより CAA 殺菌剤と称され（**図 3.17**），べと病等の卵菌綱病原菌に効果を発現する．ベンチアバリカルブイソプロピルは，セルロース合成酵素によって生合成された 2 本のセルロース単鎖を架橋する CBEL の阻害により，セルロースの繊維化を妨げ細胞壁セルロース構築に影響を与えると考えられている．桂皮酸アミド系のジメトモルフは，E 体と Z 体の混合物であるが，殺菌活性は Z 体のみが発現する．しかし，E 体は光照射下で Z 体に互換する．マンジプロパミドの作用機構の詳細は未解明であるが，リン脂質生合成と細胞壁の沈着に影響することより，発芽管伸長を強く阻害し，胞子形成能も抑制する．

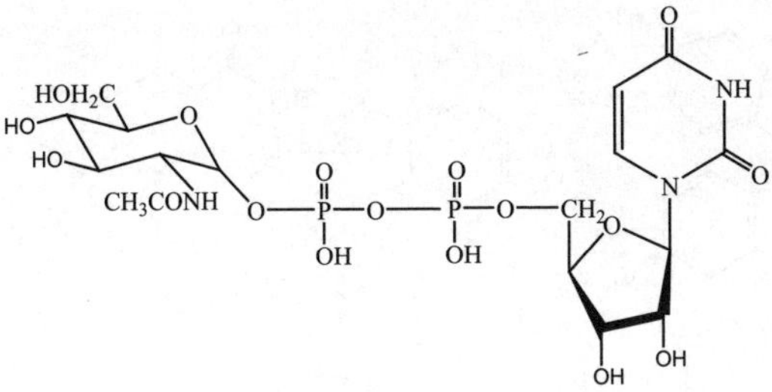

UDP-N-アセチルグルコサミン

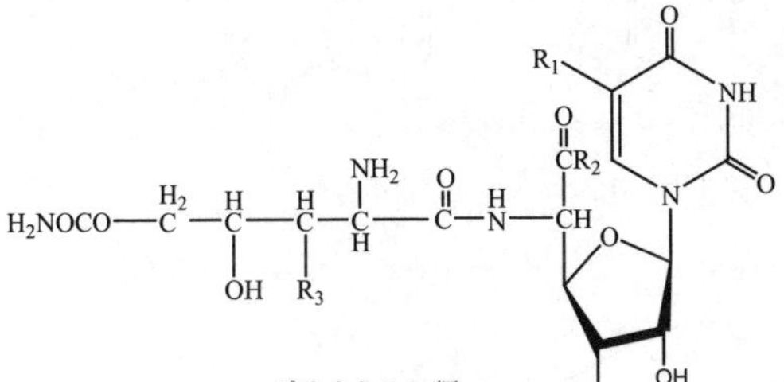

ポリオキシン類

	R1	R2	R3
A	CH$_2$OH	X	OH
B	CH$_2$OH	OH	OH
D	COOH	OH	OH
E	COOH	OH	H
F	COOH	X	OH
G	CH$_2$OH	OH	H
H	CH$_3$	X	OH
J	CH$_3$	OH	OH
K	H	X	OH
L	H	OH	OH
M	H	OH	H

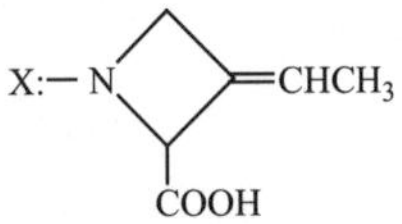

図3.16 ポリオキシン類の細胞壁合成阻害剤

3.3.4 細胞壁のメラニン生合成阻害（FRAC 分類 I）

イネのいもち病菌は表皮貫入によりイネ体内に侵入する．いもち病菌の感染過程は，1) イネ葉面上での胞子発芽と単細胞の特徴的な構造の付着器形成，2) 付着器から，侵入菌糸がセルラーゼやペクチナーゼ等の酵素を分泌しながら植物細胞に到達，3) 栄養分吸収による植物体中への進展，病気のまん延である．付着器内の圧力は，グリセロール濃度の上昇により30気圧に到達し，葉面上で80気圧の膨圧をかけ侵入菌糸が植物体内に侵入するらしい（**図3.18**）．付着器の物理的強度の維持にはメラニンが重要な役割を果たしている．したがって，殺菌剤によりメラニンの生合成が阻害されると，付着器はグリセロールによる圧力に耐えるこ

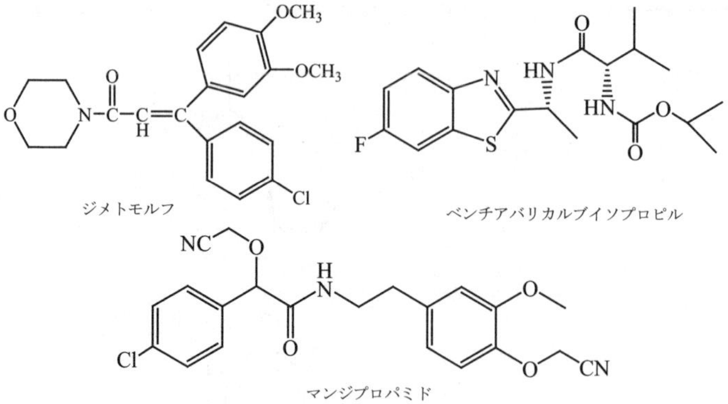

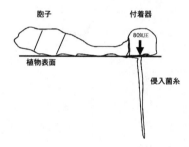

図3.17 セルロース生合成阻害剤

図3.18 イネいもち病菌の植物内への侵入様式

とができず,付着器内部のグリセロールが漏出する.このため侵入菌糸はイネ体内に侵入できない.しかし,栄養分が十分にある培地中では,いもち病菌は死滅することなく阻害剤存在下でも生育する.このように,メラニンはいもち病菌の病原性には非常に重要であるが,その生育には直接必要ない.このメラニン生合成阻害剤のように,直接的な殺菌作用がなくても防除効果を示す殺菌剤を,非殺菌性殺菌剤や感染制御剤,または静菌剤(fungistatics)と呼ぶ.いもち病菌を含む糸状菌のメラニンは,チロシンから生合成される動植物に広く分布するメラニンとは異なり,酢酸から β-ポリケト酸を経由してナフタレン骨格を生合成し,これが酸化的に重合して黒色のメラニンになる(図3.19).

a. メラニン生合成の還元酵素阻害 (FRAC分類 I1:MBI-R)[7,8]

本グループの殺菌剤(図3.20)は,1,3,6,8-テトラヒドロキシナフタレンからシタロンへの反応と1,3,8-トリヒドロキシナフタレンからバーメロンへの反

3.3 細胞膜および細胞壁の阻害剤

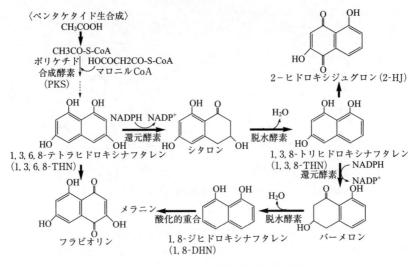

図3.19 メラニン生合成経路と阻害対象酵素

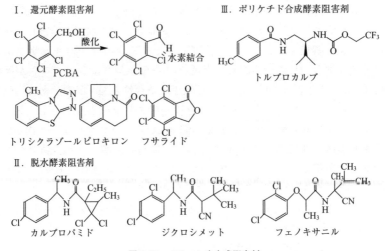

図3.20 メラニン生合成阻害剤

応を阻害する（図3.19）．最初のメラニン生合成阻害剤は，1966年に実用化されたペンタクロロベンジルアルコール（ブラスチン，PCBA）である．本化合物は，図3.20のように酸化されたアルデヒド体の水素がオルト位の塩素と水素結

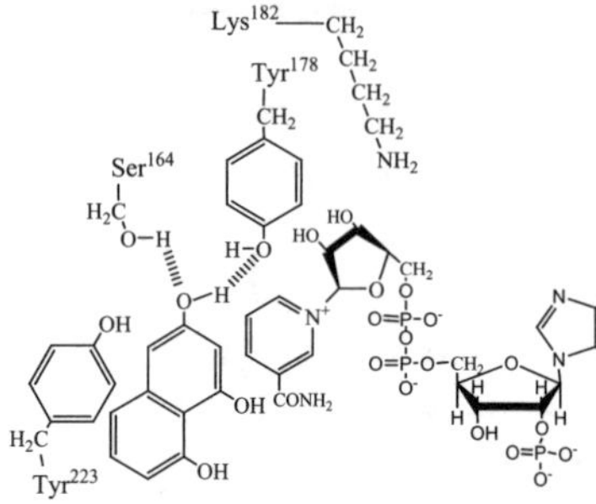

a. トリヒドロキシナフタレンの結合様式 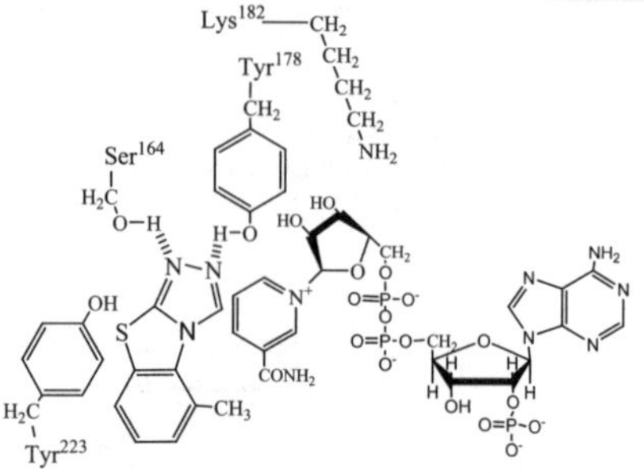　　　　b. トリシクラゾールの結合様式

図 3.21　還元酵素触媒部位と阻害剤の結合様式（原図[7]を改変）

合により 2 環式化合物となり，メラニン生合成を阻害すると考えられている．その後開発されたフサライドは，この骨格と類似している．しかし PCBA は，処理した稲わらより調製した堆肥に，代謝物パークロロ安息香酸が残留し，後作物に悪影響を及ぼすことがわかり登録が抹消された．

還元酵素阻害剤は，処理濃度により阻害する酵素が異なる．高濃度では 1,3,6,8-テトラヒドロキシナフタレンからシタロンに至る反応を阻害し，赤色のフラビオリンを蓄積する．一方，低濃度では 1,3,8-トリヒドロキシナフタレンからバーメロンへの反応を阻害し，赤黄色の 2-ヒドロキシジュグロンが蓄積する（図 3.19）．本阻害剤の標的酵素は NADPH 依存性の還元酵素であり，その触媒部位は Ser^{164}-Tyr^{178}-Lys^{182} のアミノ酸残基により構成されている．トリシクラゾールと還元酵素の結晶解析の結果（**図 3.21**），トリシクラゾールの 2 位と 3 位の窒素原子は，触媒部位の Tyr^{178} と Ser^{164} 残基の水酸基と水素結合し，さらに阻害剤の芳香環は，別のアミノ酸残基 Tyr^{223} と補酵素 NADPH のニコチンアミドの芳香環にはさまれていた．このように阻害剤は，ヒドロキシナフタレン還元酵素の基質結合部位に基質と全く同じ様式で完全に捕捉され，その結果，競争的に触媒反応を阻害する．

b. メラニン生合成の脱水酵素阻害（FRAC 分類 I2：MBI-D）[9,10]

本殺菌剤（図 3.20）は，シタロンから 1,3,8-トリヒドロキシナフタレンへの反応とバーメロンから 1,8-ジヒドロキシナフタレンへの反応をほぼ同じ濃度で阻害する（図 3.19）．シタロン脱水酵素の阻害様式は，酵素濃度と同程度の非常に低い濃度で酵素活性を阻害する tight binding 型競争阻害（$Ki=100\,pM$）で

あった．結晶構造解析より，その阻害にはアミド部位が必須であり，ベンジル位の置換基が阻害活性に大きな影響を与えることがわかった（図3.22）．

カルプロパミドには，3か所の不斉中心が存在する．メラニン生合成を強く阻害する異性体は，アミン部位が R，酸部位が $1R$, $3S$ であり，他の異性体にはその作用は確認されていない．

カルプロパミド発見のきっかけとなったシクロプロパンカルボン酸誘導体は，リグニン化を促進したり，イネのファイトアレキシンを誘導・蓄積する．カルプロパミドもメラニン生合成のみならず，モミラクトンやサクラネチンのようなファイトアレキシンのイネ体内での誘導・蓄積や，イネの抵抗性に関与するパーオキシダーゼ活性を高める．

c. メラニン生合成のポリケチド合成酵素阻害（FRAC分類 I3：MBI-P）[11]

トリフルオロエチルカーバメート系のトルプロカルブ（図3.20）は，メラニン合成経路の初期過程であるアセチルCoA等のCoAエステル（スターター基質）と伸長鎖基質であるマロニルCoA等との縮合反応（ポリケトメチレン鎖の伸長反応）を触媒するポリケチド合成酵素（PKS）を阻害する（図3.19）．その結果，イネいもち病菌（*Magnaporthe grisea*）のイネ体への侵入阻止と胞子離脱阻害により防除効果を発揮する．

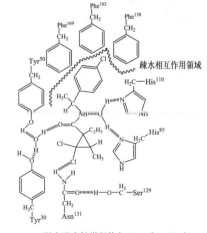

a. シタロン脱水酵素触媒部位と基質　　b. シタロン脱水酵素触媒部位とカルプロパミド

図3.22 シタロン脱水酵素の触媒部位と阻害様式（原図[9]を改変）

3.3.5 有糸核分裂と細胞分裂阻害（FRAC 分類 B）

a. βチューブリン重合阻害（FRAC 分類 B1）[12]

チオファネートメチルとベノミルは植物体に浸透移行後，共通のベンズイミダゾール系化合物カルベンダジム（MBC）に代謝され主要な殺菌作用を発現することより，ベンズイミダゾール系薬剤とも総称されている（**図 3.23**）.

本系統の殺菌剤の特徴は，分生胞子の発芽後の，細胞分裂阻害に由来する発芽管の膨潤と湾曲などの形態異常である．カルベンダジムは細胞の核分裂過程で生じる微小管を形成するβチューブリン（微小管タンパク質）に結合し，紡錘糸の形成阻害を通して細胞分裂を阻害する．カルベンダジムからさらに展開し，カルバモイル基のかわりにチアゾール基をもつチアベンダゾールやフラン環をもつフベリダゾールが開発された．チアベンダゾールは工業用の防かび剤としても使用されている．

一方，ベンズイミダゾール系殺菌剤に耐性を示す糸状菌は，活性本体であるカルベンダジムの結合親和性が著しく低下しており，薬剤耐性と結合親和性は密接に関係している．圃場より分離されたベンズイミダゾール系殺菌剤耐性菌は，βチューブリン遺伝子内での点突然変異株であり，198 番目のグルタミン酸（Glu：E）がアラニン（Ala：A），リシン（Lys：K）またはバリン（Val：V）

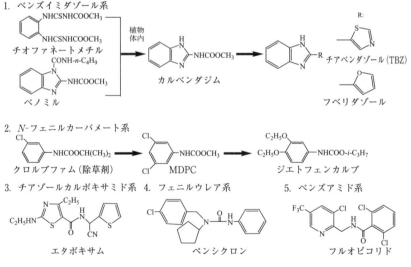

図 3.23 有糸核分裂（βチューブリン重合）阻害剤およびスペクトリン様タンパク質非局在化剤

のいずれかに，また 200 番目のフェニルアラニン（Phe：F）がチロシン（Tyr：Y）に置換していた．ベンズイミダゾール系殺菌剤に耐性を示す糸状菌は，薬剤散布を中止しその淘汰圧を排除しても，自然環境下で感受性菌とほとんど同様な適応性を示し，その密度は低下しなかった．

b. βチューブリン重合阻害（FRAC 分類 B2）[13]

N-フェニルカーバメート系のジエトフェンカルブは MBC 殺菌剤耐性菌に特異的に活性を発現する（図 3.23）．*N*-フェニルカーバメート系除草剤の中に，ベンズイミダゾール系殺菌剤耐性菌にのみ高い殺菌活性を示し，感受性菌には活性を示さない化合物が報告され，開発研究の結果，作物に薬害のないジエトフェンカルブが開発された（**表 3.1**）．このように，ある薬剤に耐性になると別の薬剤に感受性になる現象を負相関交差耐性といい，耐性菌にのみ有効な薬剤を負相関交差耐性活性を示す薬剤（負相関交差耐性薬剤）と呼ぶ．

N-フェニルカーバメート系薬剤は，ベンズイミダゾール系殺菌剤と同様に β チューブリンに結合し細胞分裂を阻害する．負相関交差耐性は図 3.24 のように，ベンズイミダゾール系殺菌剤とジエトフェンカルブの共通の結合部位内の 198 番目のアミノ酸 Glu（E）をコードする遺伝子の点変異で引き起こされる．つまりベンズイミダゾール感受性菌では，ベンズイミダゾール環の窒素原子が Glu の

表 3.1 灰色かび病菌に対する 50%生育阻害濃度（ppm）

	感受性菌	耐性菌
カルベンダジム	0.05	>100
ジエトフェンカルブ	>100	0.04

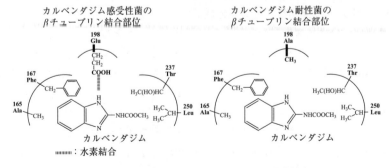

図 3.24 細胞分裂阻害剤と β チューブリンの結合様式

カルボニル基と水素結合することが活性発現に必須であるが，ジエトフェンカルブは結合できない．しかし耐性菌は，198 番目の Glu (E) が立体的に小さくかつ水素結合能のない Ala (A) に変異 (E198A) したため，ベンズイミダゾールは結合できないが，ジエトフェンカルブは上手く結合できると考えられている．この阻害剤は，分生胞子の形成阻害作用があり，圃場での安定した効果に役立っている．負相関交差耐性剤ジエトフェンカルブにも高度耐性を示す β チューブリン遺伝子内の点変異株 (E198K と F200Y) は，わが国では確認されていない．

c. β チューブリン重合阻害 (FRAC 分類 B3)

チアゾールカルボキサミド骨格を特徴とするエタボキサム (図 3.23) は，菌糸伸長および遊走子嚢形成を阻害する．特に，種子処理剤として卵菌綱病原菌に効果を発現する．

d. 細胞分裂阻害 (FRAC 分類 B4)

フェニルウレア骨格を特徴とするペンシクロン (図 3.23) は，菌糸先端細胞の骨格系微小管を破壊することにより菌糸の生長を停止させ，先端細胞から分岐枝が異常派生する特異的な形態異常を引き起こす．本剤は，特に *Rhizoctonia* 属病原菌に対して特異的に効果を発現する．

e. スペクトリン様タンパク質の非局在化 (FRAC 分類 B5)

ピリジニルメチルベンズアミド骨格を特徴とするフルオピコリド (図 3.23) は，細胞膜構造の維持に重要な役割を果たすスペクトリン様タンパク質の配列に異常を引きおこす．その結果，細胞膜裏打ち構造 (plasmalemmal undercoat) の構成が崩れ，細胞の伸長や細胞骨格に影響を及ぼす．特に遊走子発芽・遊泳，胞子形成および菌糸伸長を阻害することにより，卵菌綱病原菌に効果を発現する．

3.3.6 シグナル伝達阻害 (FRAC 分類 E)

糸状菌は，浸透圧ストレス応答としてグリセロールを蓄積して細胞内の浸透圧を上昇させる．本作用機構に分類される殺菌剤は，糸状菌が浸透圧ストレスなどの各種環境ストレスを認識してリン酸化という生体シグナルに置換する情報伝達系に作用する (図 3.25)．ジカルボキシイミド系殺菌剤はこの情報伝達系上流のリン酸基仲介因子 (His-Asp リン酸リレー系) であるヒスチジンキナーゼ (OS-1) に対して，またフェニルピロール系殺菌剤は下流の MAP キナーゼ (mitogen-activated protein kinase) カスケードの MAP キナーゼ (OS-2) に対して作用する．

3.3 細胞膜および細胞壁の阻害剤

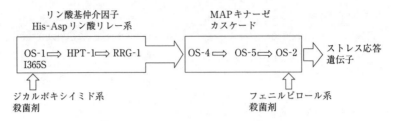

図 3.25 ストレス応答シグナル伝達経路と阻害部位

OS-1：ヒスチジンキナーゼ，HPT-1：ヒスチジンリン酸転移酵素，RRG-1：応答制御因子，OS-4：MAPKK キナーゼ，OS-5：MAPK キナーゼ，OS-2：MAP キナーゼ，I365S：抵抗性発現菌株の点突然変異，⇑：阻害部位.

a. 浸透圧シグナル伝達における MAP・ヒスチジンキナーゼ活性化（OS-1）（FRAC 分類 E3）[14,15]

ジカルボキシイミド系殺菌剤の起源は，当時北海道で難防除として問題になっていたインゲンマメの菌核病菌に卓越した効果を示したクロルプロファム型カーバメート系活性化合物（H-5009）である．これらのカーバメート系化合物は，フェニルイソシアネートとアルキルアルコールとの反応により合成することができる．この化学構造と殺菌活性の検討の結果，ベンゼン環には 3,5-ジハロ基が有効であり，アルコール側には α 位にニトリル（CN），カルボン酸エステル（COOR）やアミド（$CONH_2$）基が存在すると高活性を発現した．ところが化合物 H-5009 は，**図 3.26** のように分子内環化反応により生じたイミド化合物が，さらに加水分解後に再環化したオキサゾリジンジオン体に化学変化して高い殺菌活性を発現していた．つまり，殺菌活性の活性本体は N-フェニルイミド体であることが発見されるに至り，ジカルボキシイミド系殺菌剤と総称される類縁化合物が開発された（図 3.26）．

ジカルボキシイミド系殺菌剤を灰色かび病菌に処理すると，速やかに菌糸の伸長が阻害され膨潤化する．その後，異常に膨潤した菌糸細胞は破裂し，細胞内容物が漏出する．また，菌核や胞子形成も抑制される．ジカルボキシイミド系殺菌剤は，このような菌糸細胞の膨潤・破裂症状が特徴であり，浸透圧応答に関わる反応系に作用していることが示唆された．ジカルボキシイミド系殺菌剤の活性は，本化合物が環境応答などのセンサータンパク質であるヒスチジンキナーゼ（OS-1）の機能を刺激し，シグナル伝達系の下流の MAP キナーゼカスケードを負に制御している HPT-1 の抑制を解除することにより，さらに下流の OS-2 を

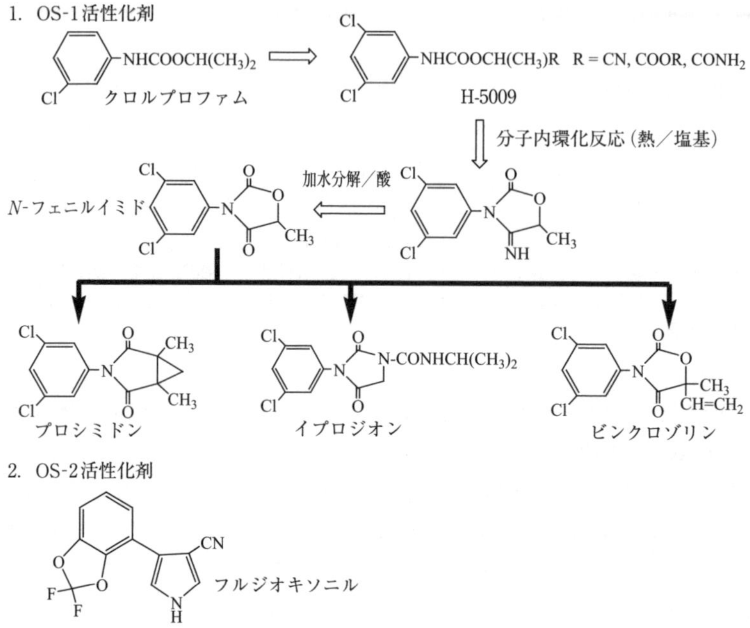

図 3.26 ジカルボキシイミド系殺菌剤の分子設計および阻害剤

過剰に活性化することに起因する（図 3.25）.

　本剤に対する耐性菌は，OS-1 をコードする *os-1* 遺伝子のアミノ酸リピート領域内に点変異（I365S）を引き起こしている（図 3.25）. なお本グループのビンクロゾリンは，わが国での登録を失効（1998 年）している.

b. 浸透圧シグナル伝達における MAP・ヒスチジンキナーゼ活性化（OS-2）（FRAC 分類 E2）[15]

　フェニルピロール骨格を特徴とするフルジオキソニル（図 3.26）は，病原菌の原形質膜に作用し，アミノ酸やグルコース等の物質の透過性に影響を及ぼし殺菌作用を示す. フルジオキソニルは，ストレス応答シグナル伝達経路の下流に存在する MAP キナーゼカスケードの MAP キナーゼ（OS-2）を活性化することにより，グリセロール合成系の活性化が誘導され，その作用を示していると考えられている（図 3.25）. 本剤は，かび等による腐敗や変敗の防止を目的として収穫後農作物にも使用される.

3.3.7 多作用点接触活性化合物（FRAC 分類 M）
a. 解糖系・TCA 回路

解糖系やクエン酸（TCA）回路は，生物がエネルギーを獲得する上で必須の生体反応である．この生体反応の中で，
1) システインの SH 基を活性中心とする酵素（酸化還元酵素や脱水素酵素）の直接阻害（酸化還元阻害剤）
2) 補酵素 CoA やリポ酸の SH 基との反応による酵素反応阻害（アルキル化剤）
3) 酵素反応に補酵素として必須の重金属をキレートすることによる酵素反応阻害（キレート化剤）

をする薬剤を多作用点接触活性化合物と称する（**図 3.27**）．これらの阻害剤には，古くから使用されてきた硫酸銅，水酸化銅やボルドー液のような無機銅，およびキノリンのような有機化合物を配位子とした銅キレート剤がある．さらに，1934 年頃から合成研究された最も古い有機合成殺菌剤の1つであるジチオカーバメート類，そしてジカルボキシイミド剤も活性部位に SH 基がある酵素の阻害作用を示す．おもな阻害部位は，解糖系ではヘキソキナーゼ，アルドラーゼやグリセルアルデヒド-3-リン酸脱水素酵素である．ペントースリン酸経路では，グルコース-6-リン酸脱水素酵素やグルコン酸-6-リン酸脱水素酵素が阻害剤の標的である．例えばボルドー液の効果は，銅イオンがペントースリン酸経路のグルコン酸-6-リン酸脱水素酵素に強い親和性をもち，その酵素活性を阻害するためであると考えられている．

1. 芳香族塩素系殺菌剤

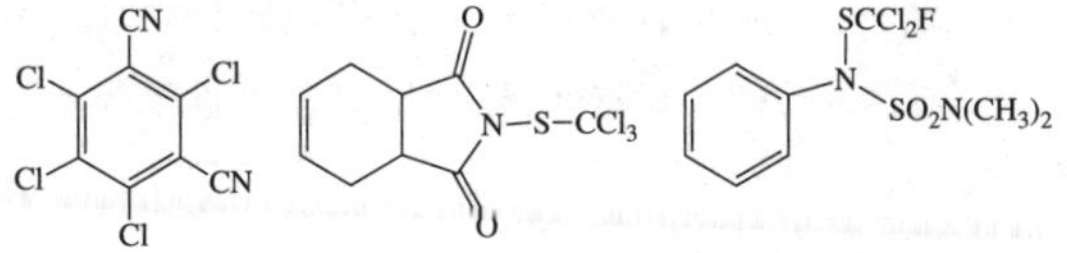

クロロタロニル（TPN）　キャプタン　ユーパレン

2. エチレンビスジチオカーバメート剤

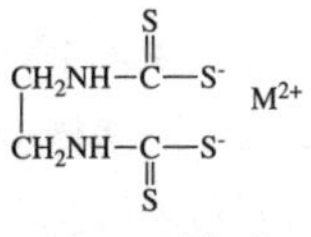

$M^{2+} = $ Zn：ジネブ
　　　　Mn：マンネブ

3. 無機化合物

石灰硫黄合剤：多硫化カルシウム：CaS_x（CaS_5：作用物質）
ボルドー液：$CuSO_4/xCu(OH)_2/yCa(OH)_2/zH_2O$

図 3.27　多作用点接触活性化合物

TCA回路で阻害剤の標的となる酵素は，アコニターゼ，α-ケトグルタル酸脱水素酵素およびコハク酸脱水素酵素である．さらに，ピルビン酸からアセチルCoAを生合成するピルビン酸脱水素酵素も標的である．

これらの阻害剤は，阻害部位が多様であるため対象病害菌のスペクトルが広く，また抵抗性が発達しづらいことより，作物保護の基幹剤として使用されてきた．しかし，多くの薬剤が浸透移行性に乏しく，高濃度で散布処理しなければならないという欠点がある．

b. 硫 黄

硫黄は，古くから殺菌剤として使用されてきた．1851年にフランスでGrisonによって創製された石灰硫黄合剤は，硫黄と石灰を水中で加熱して得られる多硫化カルシウム（CaS_x；$x=4\sim5$）が主成分である．この石灰硫黄合剤の作用機構は，石灰硫黄合剤が空気中の酸素と炭酸ガスと作用して遊離してくる単体硫黄による．つまり，この単体硫黄がSH酵素を阻害する多作用点接触活性である．単体硫黄の酸化還元電位は，シトクロムbとシトクロムc1との間の0.14Vである．このことは，単体硫黄が電子伝達系より電子を受容し，還元されて硫化水素に変換できることを示す．この単体硫黄から硫化水素への還元の結果，電子伝達系より電子の放流を導き，ATPが生合成されなくなるため，殺菌作用を示すことが考えられる．さらに，発生した硫化水素ガスによる副次的な効果も期待される．このように硫黄作用機構が多作用点であることが，これまで抵抗性が発達するリスクがより少ないことにつながっていると考えられる．

わが国が2000年に有機農産物の生産方法について定めた基準「有機農産物の日本農林規格（JAS）」は，化学的に合成された肥料・農薬，および遺伝子組換え作物の栽培を原則禁止している．しかし，例外的に使用できる殺菌剤として，石灰硫黄合剤と銅剤が含まれている．

3.3.8 宿主植物の抵抗性誘導（FRAC分類P）[16,17]

植物の自己防御機構には，本来備えている先天的防御機構と，ストレス等を認識して活性化される後天的防御機構がある．後天的防御機構には，植物全体が活性化される全身的防御機構と限られた部位のみで活性化される局所的防御機構とがある．植物は病原菌が感染すると，生体防御のため感染細胞周辺の細胞が壊死する過敏感反応を生じる．この情報は植物全体に伝達し，全身に抵抗性が誘導される．植物全体に抵抗性が誘導されると，同一の病原菌や他の病原菌に対しても

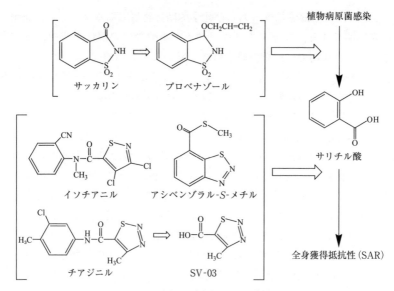

図 3.28　宿主抵抗性誘導剤とその作用部位

生体防御反応を引きおこし，感染を防ぐことができる．このような現象を全身獲得抵抗性（systemic acquired resistance, SAR）と呼ぶ．

SAR 誘導では，植物体内で植物ホルモンであるサリチル酸（SA）の生合成が誘導され，SA 下流のサリチル酸シグナル伝達経路が作用する（**図 3.28**）．植物本来の生体防御システムである SAR を誘導する化合物を plant activator と総称し，その定義は

1) 代謝物を含む化合物に直接的な抗菌活性が全くない
2) 植物本来の SAR と同様の発病抑制スペクトラムを示す
3) 植物本来の SAR と同一のマーカー遺伝子を発現させる

ことである．

　直接病原菌に作用せず，対象作物の病原菌への抵抗性（病害防除システム）を高める薬剤にベンゾイソチアゾール系のプロベナゾールがある（図 3.28）．植物がプロベナゾールを病害菌表面の糖と誤認識し，SA の生合成を誘導することにより SAR を獲得していると考えられている．プロベナゾールを根部より吸収したイネにいもち病菌が感染すると，病原菌の侵入に対し物理的な障壁となるリグニンの生合成に関与する，フェニルアラニンアンモニアリアーゼ（PAL）やペ

ルオキシダーゼ等の酵素活性，および化学的防御物質であるファイトアレキシンの生合成に関与する，フェニルプロパノイド系酵素群の活性が速やかに上昇する．さらにイネ体内では，細胞膜を構成しているリン脂質にホスホリパーゼA2（PLA2）が作用して遊離したα-リノレン酸にリポキシゲナーゼ（LOX）が働き，抗菌活性のある酸化型不飽和脂肪酸の生合成も行われる．

一方，1,2,3-チアジアゾール骨格を特徴とするアシベンゾラル-S-メチルを処理した植物は，SARを誘導するが，SAを蓄積しない．つまり，アシベンゾラル-S-メチルは，SA下流のサリチル酸シグナル伝達経路を誘導することより，擬似SAとして作用していると考えられる（図3.28）．チアジアゾールカルボキサミド系のチアジニルは，化学構造1,2,3-チアジアゾールが抵抗性誘導をもたらすとの仮説より創出された．チアジニルは，抵抗性関連遺伝子やフェニルアラニンアンモニアリアーゼ遺伝子の活性化により，擬似SAとしてSARを誘導し病害抵抗性を発現していると考えられている．チアジニルの代謝物であるSV-03もチアジニル同様にSAR誘導作用を発現する．イソチアゾールカルボキサミド系のイソチアニルも，生体防御反応の誘導により病原菌による感染を防ぐことができ，散布や種子処理でも有効である（図3.28）．

3.3.9 その他
a. アミノ酸およびタンパク質生合成阻害（FRAC分類D）[18]

メパニピリム（図3.29）は，分岐アミノ酸の生合成を阻害するピリミジニルカルボキシ系除草剤の知見をもとに，ピリミジン環とベンゼン環との架橋部の原子を酸素から窒素に構造改変したアニリノピリミジン系殺菌剤である．ピリミジン環の5位への置換基導入は活性が低下したが，4,6位への置換基導入は活性を維持し，4位にメチル基，6位にプロピニル基をもつ化合物が最もすぐれた活性を示した．本剤は，植物病原菌が宿主植物に感染するときに分泌するペクチナーゼ等の植物細胞壁分解酵素の分泌阻害のみならず，アミノ酸やグルコースなどの菌体内への非特異的な取り込み阻害により，胞子の発芽菅伸長，付着器形成および侵入に対して効果を発揮するが，胞子発芽阻害効果をほとんど示さない．

その他のタンパク質合成阻害剤として，農業用抗生物質のカスガマイシン（ヘキソピラノシル抗生物質），ストレプトマイシン（グルコピラノシル抗生物質）およびオキシテトラサイクリン（テトラサイクリン抗生物質）がある．

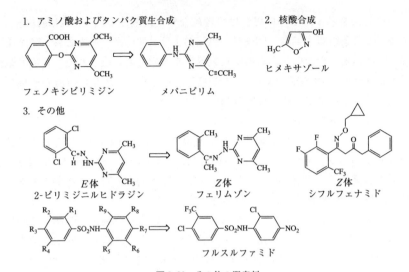

図 3.29　その他の阻害剤

b. 核酸合成阻害（FRAC 分類 A）

土壌病害を防除する目的で，土壌処理剤としてイソキサゾール骨格をもつヒメキサゾールが用いられる（図 3.29）．本化合物の配糖体も殺菌作用を示す．本剤の作用機構は，DNA/RNA 生合成（A3）に分類されている．

c. その他

全く新規な化学構造を有する殺菌剤フェリムゾンは，医薬品を目的として合成されたピリミジン系化合物の中から創製された．フェリムゾンは，作物への薬害軽減といもち病への治療および予防効果を発揮させるため，2-ピリミジニルヒドラジンを基本骨格とする先導化合物について，アルデヒド部をケトン体に構造修飾した防除剤である（図 3.29）．

ベンゼン環の置換基は，2 位のメチルまたは塩素が必須である．幾何異性体の E 体と Z 体間に活性の差はほとんどないとされるが，Z 異性体が市販されている．フェリムゾンは，いもち病菌の胞子発芽を完全には阻害しないが，発芽管の伸長や菌糸の生育および胞子形成を阻害する．また，菌糸生育の阻害は殺菌的ではなく静菌的である．本剤を処理した菌糸では電解質の顕著な漏出が観察されることから，いもち病菌の細胞膜に作用し，その機能に影響を及ぼし菌糸生育を抑制すると考えられている．本剤を処理したイネは，いもち病菌感染後に，罹病葉が黄褐色のハローの内側にグリーンアイランドと呼ばれる特徴的な緑色部位を形

成し治療効果を示す．その使用法は合理的な発病抑制法であり，AMeDAS（アメダス）の気象情報（気温，降雨量，風速および日照時間）をもとに，イネ葉面の湿潤時間の推定やその時間帯の平均気温等を考慮して作成された，いもち病発生予察システム「BLASTAM」，「BLASTL」を活用し，いもち病菌の感染好適日の1,3,5日後に本剤を処理し効果を上げている．

フェニルアセトアミド系のシフルフェナミドは，ベンズアミドキシム構造を骨格とする各種うどんこ病に最適化された殺菌剤である（図3.29）．その作用機構は未解明であるが，βチューブリン重合阻害のベンズイミダゾール系，DMIおよび電子伝達系の複合体-IIIユビキノール酸化酵素 Qo 部位に結合するストロビルリン系殺菌剤の耐性菌とは交差耐性を示さない．

スルホンアミド骨格を有するフルスルファミドは根こぶ病菌（*Plasmodiophora brassicae*）の防除剤として使用される（図3.29）．根こぶ病菌に効果を示すにはアニリン部のニトロ基の位置が4位であることが重要であり，2-クロロ-4-ニトロアニリンが選択された．土壌中の根こぶ病菌の休眠胞子に作用し，感染過程の最初の段階である根毛感染を阻害することが確認されているが，その作用機構の詳細は不明である．

引用・参考文献
1) Trumpower, B. L.：*J. Biol. Chem.*, **265**, 11409-11412（1990）
2) Guo, Z. J. *et al.*：*Biochem. Biophys. Acta*, **1056**, 89-92（1991）
3) Bossche, H. V. *et al.*：Mode of Action of Antifungal Agents（Trinch, A. P. J. and Ryley, J. F. eds.）, pp. 321-341, Cambridge University Press（1985）
4) 木村教男他：日本農薬学会誌, **42**, 314-321（2017）
5) 汲田　泉：日本農薬学会誌, **27**, 404-408（2002）
6) 後藤麻子：化学と生物, **52**, 2-4（2014）
7) Andersson, A. *et al.*：*Structure*, **4**, 1161-1170（1996）
8) 鎌倉高志：日本農薬学会誌, **23**, 65-72（1998）
9) 本山高幸他：日本農薬学会誌, **23**, 58-61（1998）
10) 本山高幸：日本農薬学会誌, **26**, 287-291（2001）
11) Banba, S. *et al.*：*J. Pestic. Sci.*, **42**, 25-31（2017）
12) 藤村　真：日本農薬学会誌, **41**, 78-87（2016）
13) 藤村　真：日本農薬学会誌, **19**, S219-228（1994）
14) 佐々木満他編：日本の農薬開発, pp. 18-32, 181-262, 日本農薬学会（1998）
15) 藤村　真：日本農薬学会誌, **35**, 363-369（2010）
16) 安田美智子：日本農薬学会誌, **32**, 291-296（2007）
17) 津幡建治他：日本農薬学会誌, **31**, 174-181（2006）
18) 林　茂他：日本農薬学会誌, **22**, S219-228（1997）

④ 除　草　剤

4.1　は　じ　め　に

　作物は光，水，養分の摂取において常に雑草との競合にさらされており，それによって収量の減収や品質の低下を招く．例えば水稲の場合には，収穫時まで雑草防除を行わない場合には，平均約41％（最大92％）の減収，初期防除を行わないだけでも平均24％（最大66％）の減収となることが報告されている．競合雑草を防除するのが除草剤であり，作物の減収を防ぎ品質を高めると同時に，製剤・施用法技術に支えられて除草作業に費やす労働時間を短縮し，作物生産にかかわる労働力の軽減に大きく役立っている．

　わが国では明治時代から，マツバイの防除に石灰窒素，アオミドロ防除に硫酸銅が有効であることが知られていたが，除草剤として初めて開発されたのは1944年にアメリカで見いだされたフェノキシ酢酸系の2,4-PA（商品名は2,4-D）であった．植物間で選択的な除草効果をもつ2,4-PAは翌1945年に日本に紹介されて除草剤としての試験が行われ，1948年に制定された農薬取締法に基づいて1950年に本化合物を有効成分とする農薬が登録された．この例のように当初の除草剤の有効成分は海外から導入されたものが多かったが，この後しだいに国産の有効成分が創製されるようになっていった．1971年，社会の要請に応じて農薬取締法の改正が行われ，安全性に関する規制が強化された結果，PCP等，環境影響の面で問題のある除草剤が登録を失い，その後はすぐれた防除効果と安全性を兼ね備えた高性能な除草剤が使用されるようになっている．この間，国内で開発された有効成分が広く海外でも使用される例が多くみられるようになり，日本発の除草剤が世界の食料生産に役立っている．

　一方，近年の雑草防除では作物の改良品種と除草剤を組み合わせた技術が発展している．特に従来の育種技術あるいは遺伝子組換えの手法で作出された除草剤耐性作物は，使用する除草剤を減らすことができるため海外では積極的に利用されている．しかし除草剤耐性作物の栽培では，特定の除草剤を多用することから

新たな抵抗性雑草が出現し，その対策が求められている．抵抗性雑草の出現は多くの薬剤で世界的な問題となっており，これに打ち勝つ新規剤の創出あるいは新たな除草剤耐性作物の開発研究が続けられている．

除草剤を含めた農薬全般の薬剤耐性対策については第7章で解説するため，本章では世界で広く使用されている除草剤や日本で独自に創製された除草剤に焦点を当てて，作用機構を中心に解説する．

4.2 除草剤の分類

除草剤は雑草を防除する薬剤であり，使用場面により農耕地用除草剤，緑地用除草剤，非農耕地用除草剤に分けられる．農耕地用除草剤は水稲除草剤や畑作除草剤，緑地用除草剤は芝用除草剤などに分けられる．非農耕地用除草剤は農耕地や緑地以外で用いられる除草剤を指す．

農作物と雑草に対する除草剤の効果に差があることを選択性といい，農作物に対する影響が小さく，雑草に対する効果の高いものを選択性除草剤という．選択性が認められないものは非選択性除草剤という．非選択性除草剤は除草剤耐性作物と組み合わせることで作物にも利用できる．またすでに成長した雑草の茎葉に散布して枯らすものを茎葉処理剤，土壌表面に散布するものを土壌処理剤という．土壌処理剤のうち，雑草の出芽前に散布して発芽を阻害するものは発芽抑制剤と呼ばれる．薬剤によっては茎葉処理効果と土壌処理効果の両方をもつ茎葉兼土壌処理剤もある．効果の現れ方の観点からは，主として雑草の茎葉部への接触で除草効果を発揮する接触型除草剤と，茎葉部や根部から吸収されて雑草体内で移行する浸透移行型除草剤に分類される．いずれの場合も，除草効果の発現が相対的に速い速効的除草剤と，遅い遅効的除草剤がある．

除草剤はさらに作用機構で分類される．国際団体 CropLife International の除草剤抵抗性対策委員会（Herbicide Resistance Action Committee, HRAC）は，作用機構の観点から除草剤を16種のアルファベットを付したグループに分けている．一部のグループはさらにサブグループ化され，合計23のグループに分類される（**図 4.1** および巻末付表参照）．前述したように，2,4-PA（HRAC 分類 O）は1944年に広葉雑草に対する選択的除草剤効果が見いだされたが，そのオーキシン作用が発見されたのはやや遡る1942年のことである．HRAC 分類 C1，C2 の光合成阻害機構は1956年から1975年にかけて，また分類 P のオーキ

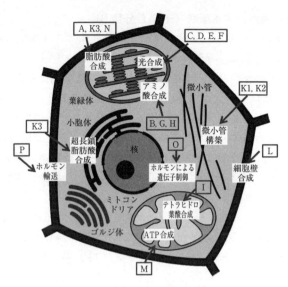

図4.1 HRAC分類別作用部位

シンの極性移動阻害機構は1970年代に明らかにされた．その後，1980年代に入り，分類F1（フィトエン脱飽和酵素を作用点とするカロチノイド生合成阻害）の薬剤を皮切りに，B（分岐鎖アミノ酸生合成阻害），G（芳香族アミノ酸生合成阻害），H（グルタミン生合成阻害），E（クロロフィル生合成阻害），A（脂肪酸生合成阻害）等の作用機構が順次解明されていった．そして1990年代に，分類F2（HPPDを作用点とする白化剤）およびK3（超長鎖脂肪酸生合成阻害）の作用機構が明らかにされ現在に至っている．以下，アミノ酸生合成系を作用点とする薬剤から作用機構を中心に説明する．

4.3 アミノ酸生合成を作用点とする除草剤

アミノ酸合成を作用点とする除草剤は，分岐鎖アミノ酸生合成経路のアセト乳酸合成酵素（ALS，別名アセトヒドロキシ酸合成酵素；AHAS）を作用点とする薬剤，芳香族アミノ酸生合成経路の5-エノールピルビルシキミ酸3-リン酸合成酵素（EPSPS）を作用点とする薬剤，グルタミン生合成経路のグルタミン合成酵素（GS）を阻害する薬剤の3つに分けられる．

4.3.1 ALSを作用点とする薬剤（HRAC分類B）

ALSはロイシン，バリン，イソロイシンの分岐鎖アミノ酸生合成経路の調節酵素（律速酵素）である．植物，カビ，細菌はALSをもっているが，動物，鳥類，魚類はもっていないので，本酵素を作用点とする薬剤は安全性にすぐれる．ALSはチアミンピロリン酸とフラビンアデニンジヌクレオチドを補因子とし，2分子のピルビン酸から2-アセト乳酸，ピルビン酸と2-ケト酪酸から2-アセト2-ヒドロキシ酪酸を合成する反応を触媒する（図4.2）．成葉ではALSを含めた分岐鎖アミノ酸生合成系酵素は葉緑体に局在している．成熟タンパク質としての分子量は植物種により異なるが，活性中心をもつ4つの触媒サブユニットと制御中心をもつ4つのサブユニットが基本構成である．制御サブユニットは最終生産物の分岐鎖アミノ酸によるフィードバック制御を受けると同時に，触媒サブユニットの酵素活性を促進する．ALS阻害剤には，スルホニルウレア（SU）系，イミダゾリノン（IMI）系，トリアゾロピリミジン（TP）系，ピリミジニル（チオ）

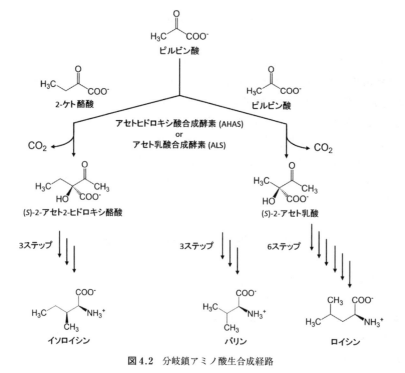

図4.2 分岐鎖アミノ酸生合成経路

4.3 アミノ酸生合成を作用点とする除草剤

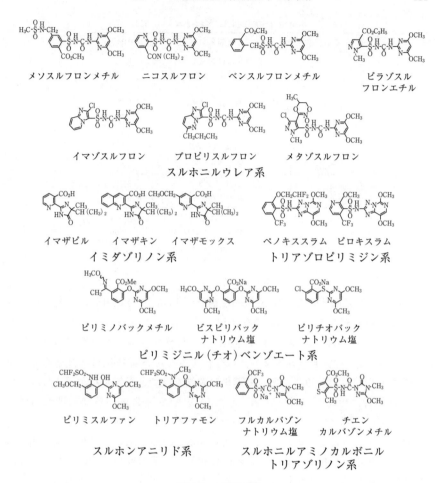

図 4.3 ALS 阻害剤

ベンゾエート (PTB) 系, スルホンアニリド (SA) 系, スルホニルアミノカルボニルトリアゾリノン (SCT) 系などの薬剤がある (図 4.3). いずれも 1 ha あたり数十 g という低薬量で除草効果を発揮するのが特徴である. 薬剤は共通して ALS タンパク質との結合に必要な弱酸性基をもっている. IMI 以外は強い ALS 阻害作用をもち, また弱酸基をもった化合物は植物体内への浸透移行性にすぐれることが, ALS 阻害剤が低薬量で効果を発揮する理由となっている.

現在までに, シロイヌナズナ ALS タンパク質 (触媒サブユニット) について

表 4.1 Protein Data Bank に登録されている ALS 阻害剤

基本骨格	薬剤名	PDB ID
SU	クロリムロンエチル	1YBH
	モノスルフロン	3E9Y
	モノスルフロンエステル	3EA4
	メツルフロンメチル	1YHY
	クロロスルフロン	1YHZ
	スルホメツロンメチル	1Y10
	トリベニュロンメチル	1YI1
IMI	イマザキン	1Z8N
PTB	ビスピリバック Na	5K3S
	ピリチオバック	5K2O
SCT	プロポキシカルバゾン	5K6T
	チエンカルバゾンメチル	5K6R
TP	ペノキススラム	5WJ1

13 種の ALS 阻害剤との複合体 X 線結晶構造が Protein Data Bank（PDB）に登録されている（**表 4.1**）．結晶構造解析によると，ALS タンパク質は α, β, γ の3つのドメインから構成され，活性部位は2つのサブユニットの片方の α ドメインと，もう一方の β, γ ドメインの間に存在する．ALS 阻害剤は活性中心ではなく，活性中心に通じる通路にあって進化の過程で機能を喪失したと考えられるユビキノン結合部位に結合する．結合している ALS 阻害剤の種類に関わらず，ALS タンパク質全体の構造（フォールディング）はほぼ同じである．薬剤間でのユビキノン結合部位への結合様式を比較すると，IMI 剤のイマザキンは通路の入り口により近い部位に結合しているのに対して，その他の薬剤は通路の活性中心に近い奥側のほぼ同じ位置に結合する．ただし，薬剤に合わせて周辺のアミノ酸の側鎖部分が動いており，この結果，阻害剤の基本骨格の多様性が許容されると考えられている[1]．一例として，SU 剤のクロリムロンエチルおよび IMI 剤のイマザキンとシロイヌナズナ ALS タンパク質との結合様式を示す（**図 4.4**）．特徴的な点は，これら2剤を含めてすべての ALS 阻害剤が，構造中に存在する芳香環と ALS の 574 番目のトリプトファンとの間で，π-π 相互作用または疎水性相互作用を形成していることである．SU 剤に比べて IMI 剤は ALS 阻害活性が弱いが，クロリムロンエチルでは少なくとも 50 のファンデルワールス相互作用と6つの水素結合が確認されるのに対して，イマザキンは 28 のファンデルワー

4.3 アミノ酸生成を作用点とする除草剤

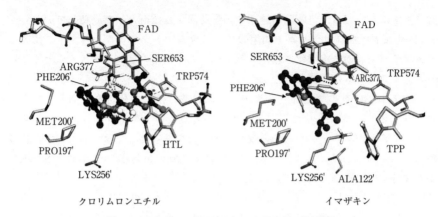

クロリムロンエチル　　　　　　　　　　　イマザキン

図 4.4　シロイヌナズナ ALS と ALS 阻害剤の結合様式
数字にプライム記号（′）が付与されているアミノ酸は，付与されていないアミノ酸と異なるサブユニットに由来する．

ルス相互作用と1つの水素結合しかなく，全体的に相互作用が弱いことがその要因の1つと考えられる．

　ALS 阻害剤は，スルホニルウレア骨格をもつ医薬から展開された除草剤であり，低薬量で高い除草効果を示すこと，動物安全性にすぐれること，ならびに多様な構造展開が可能であることから，高性能除草剤の幕開け的な薬剤となった．SU 剤は，ムギ類用のメソスルフロンメチル，ダイズ用のクロリムロンエチル，トウモロコシ用のニコスルフロン，イネ用のベンスルフロンメチル，ピラゾスルフロンエチル，イマゾスルフロン，プロピリスルフロン，メタゾスルフロン，ワタ，サトウキビ，シバ用のトリホキシスルフロン等，多くの薬剤が実用化された．これらの SU 剤の中ではメソスルフロンメチルとニコスルフロンが世界で多用されており，ニコスルフロン，ベンスルフロンメチル，ピラゾスルフロンエチル，イマゾスルフロン，プロピリスルフロン，ならびにメタゾスルフロンは日本発の薬剤である．

　IMI 剤は，ムギ類用のイマザメタベンズメチル，ダイズ用のイマゼタピル，イマザキン，ピーナッツや非農耕地用のイマザピック，豆類用のイマザモックス，非農耕地用のイマザピル等が開発された．一方で，従来の育種法で作出した IMI 剤耐性イネ，トウモロコシ，コムギ，ナタネ，ヒマワリなどの作物種子が提供されることで，イマザモックスに代表される IMI 剤の付加価値が高められている．

特にイネにおいては，難防除の雑草イネを防除する技術として成功している．

TP 剤はトウモロコシとムギ類用のメトスラム，トウモロコシとダイズ用のフルメツラムが最初に実用化された．その後，ムギ類用のピロキサスラムとイネ用のペノキススラムが開発された．

PTB 剤は SU 剤の酸性部分をカルボン酸に置き換えた化合物である．ワタ用のピリチオバックナトリウム，イネ用のビスピリバックナトリウム，ピリミノバックメチルがある．またこの系統から派生した薬剤としては，おもに水稲に使われる SA 剤のピリミスルファンとトリアファモンがある．PTB 剤と SA 剤の多くは日本発の薬剤である．

SCT 剤は環の窒素まで含めるとスルホニルウレアの骨格をもち，広義の意味で SU 剤に含まれる薬剤である．ムギ類用のフルカルバゾンナトリウム，トウモロコシやコムギ用のチエンカルバゾンメチルが開発されている．

4.3.2　EPSPS を作用点とする薬剤（HRAC 分類 G）

EPSPS はトリプトファン，フェニルアラニン，チロシン等の芳香族アミノ酸の生合成に関与するシキミ酸経路の酵素である（図 4.5）．シキミ酸経路は植物のプラスチドに局在化しており，EPSPS はシキミ酸経路の調節酵素として重要な働きをしている．EPSPS はホスホエノールピルビン酸（PEP）とシキミ酸 3-リン酸を基質とする 5-エノールピルビルシキミ酸 3-リン酸（EPSP）合成反応

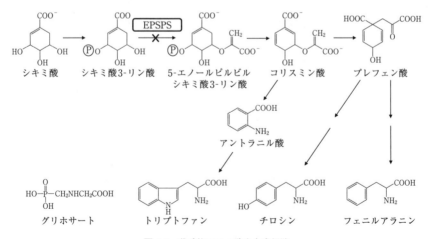

図 4.5　芳香族アミノ酸生合成経路

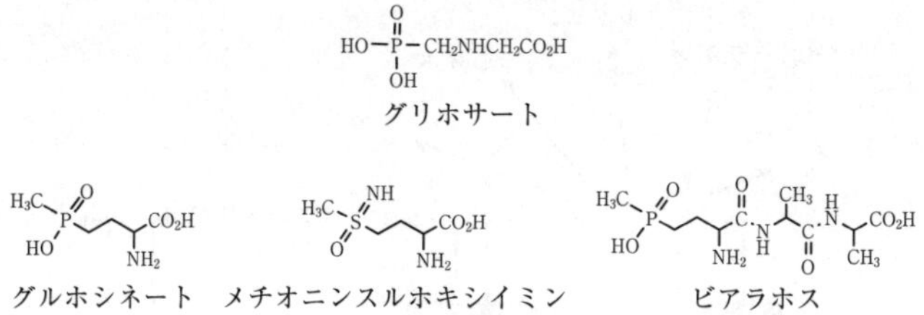

4.3 アミノ酸生合成を作用点とする除草剤

グリホサート

グルホシネート　　メチオニンスルホキシイミン　　　ビアラホス

図 4.6　EPSPS 阻害剤および GS 阻害剤

を触媒する．グリホサート（N-ホスホノメチルグリシン，図 4.6）はこの EPSPS のシキミ酸 3-リン酸に対する不拮抗阻害剤であり，イオン化した $COO^-CH_2NH_2^+CH_2PO_3^{2-}$ の形で EPSPS とシキミ酸 3-リン酸の複合体に PEP と拮抗的に結合し，EPSPS とシキミ酸 3-リン酸とグリホサートの 3 者複合体を形成する．

　芳香族アミノ酸は植物の二次代謝産物のフェニルプロパノイド，すなわちフェノール類，リグニン，タンニン等ならびに病害抵抗性に関わるファイトアレキシン類の前駆物質であり，EPSPS が阻害されると植物は芳香族アミノ酸およびフェニルプロパノイド類が欠乏し枯死に至る．EPSPS は植物だけでなく，カビ，細菌にも存在するが，哺乳動物，鳥類，魚類には存在しないので，グリホサートの安全性は高い．グリホサートは 1975 年に商品化され，土壌処理剤としての活性は弱いため，茎葉処理剤として利用されている．水溶解度が高く，茎葉散布されると速やかに師管移行する浸透移行性薬剤である．本剤は非選択性除草剤であり，主として非農耕地用除草剤として使用されていたが，後述する遺伝子組換え耐性作物と併用されることで農耕地でも使用されるようになり，現在では最も多く使用されている．なお，グリホサートの構造類縁体が多く合成されスクリーニングされたが，グリホサートを超える除草活性を有するものは見つからず，EPSPS 阻害型除草剤はグリホサートのみが実用化されている．

4.3.3　GS を作用点とする薬剤（HRAC 分類 H）

　植物は，生体に毒性のあるアンモニアを窒素源として利用する代謝システムをもっている．この窒素代謝の中心的役割を果たしているのが GS である．本酵素はグルタミン酸とアンモニアを基質として，グルタミンを合成する反応を触媒する．グルタミンはヒスチジン，アスパラギン，アルギニン等のアミノ酸の前駆物質となる（図 4.7）．植物の GS は 8 つのサブユニットからなる酵素で，サブユ

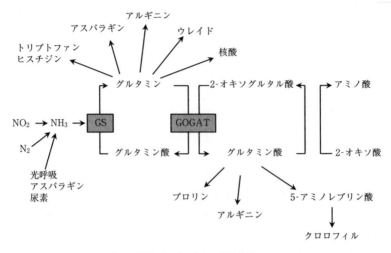

図 4.7　グルタミン合成経路

ニットそれぞれに活性中心が存在する．本反応では補因子の ATP でグルタミン酸がリン酸化され，次に基質のアンモニアでアミド化，その後脱リン酸化してグルタミンが合成される．1960 年代後半には GS 阻害剤としてメチオニンスルホキシイミン（図 4.6）が知られており，グルタミン酸と拮抗して GS に結合し，さらに GS によりリン酸化され，そのリン酸化体が不可逆的に GS を不活性化すると考えられていた．

1970 年代にドイツと日本のグループは，それぞれ独立に *Streptomyces* 属の微生物から同じ除草活性物質，ホスフィノスリシンを活性本体とするホスフィノスリシルアラニルアラニンを単離した．ホスフィノスリシンはグルホシネートとして，ホスフィノスリシルアラニルアラニンはビアラホスとしてともに非農耕地用の茎葉処理剤として開発された（図 4.6）．適用場面はグリホサートと同じであるが，グリホサートより効果発現は速い．ホスフィノスリシルアラニルアラニンは植物体中でホスフィノスリシンに代謝され，GS を阻害する．ホスフィノスリシンはメチオニンスルホキシイミンと同じメカニズムで GS を不活性化する（図 4.8）．ビアラホスで処理された植物では 24 時間後には体内グルタミンは減少するが，外部添加でグルタミンの体内濃度を上げても除草効果は落ちないこと，除草効果は暗黒下で低下すること，光合成阻害剤や光呼吸阻害剤添加でアンモニア濃度の上昇が抑制されて除草効果が落ちること等から，光合成および光呼吸系か

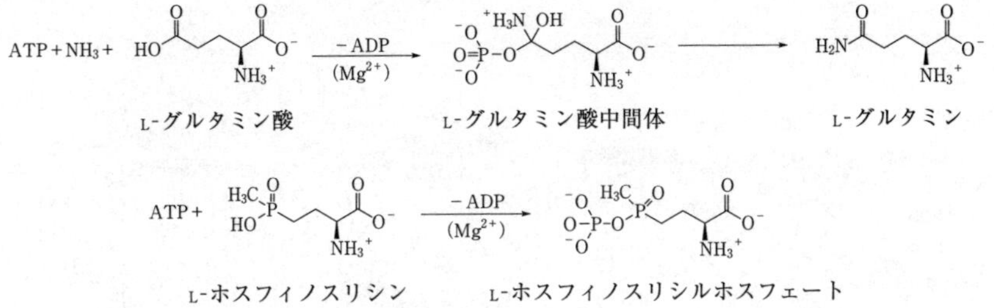

4.4 光合成を作用点とする除草剤

図 4.8 グルタミン酸中間体と L-ホスフィノスリシルホスフェート

ら生成したアンモニアが GS 阻害により生体内に蓄積することが除草効果の主要因だと考えられている.

4.4 光合成を作用点とする除草剤

光合成は,光エネルギーを化学エネルギーに変換するプロセスで,H_2O から電子を引き抜いて H^+ を生じ,化学エネルギー分子の NADPH と ATP を生産する明反応（Hill 反応）と,明反応でできた NADPH と ATP を用いて CO_2 からブドウ糖を合成する暗反応（カルビンサイクル）の 2 つのステップに分けられる.現在までに開発された光合成阻害型除草剤はすべて明反応の阻害剤であり,光化学系 II 複合体に作用する薬剤と光化学系 I 複合体に作用する薬剤に大別される.

4.4.1　光化学系 II 複合体を作用点とする薬剤 (HRAC 分類 C1, C2, C3)

光化学系 II 複合体は葉緑体のチラコイド膜に存在するクロロフィルとタンパク質の複合体で,20 種以上のサブユニットから構成され,大きくコアとアンテナに分類できる.コアには,反応中心と電子伝達構成成分がある.中心部分は D1 タンパク質と D2 タンパク質の二量体で構成され,周囲にクロロフィル a 結合タンパク質の CP47 や CP43 等の複数のサブユニットが存在している.アンテナは集光性クロロフィル-タンパク質複合体 (light harvesting chlorophyll-protein-complex, LHCII) とも呼ばれ,1 つのサブユニットに複数のクロロフィルが結合して光を捕集する役割を担っている.クロロフィルによって吸収された光エネルギーは励起エネルギーとして次々に隣のクロロフィルに伝達され,最終的にコアの反応中心に存在する P680（スペシャルペアクロロフィル,クロロフィルの二

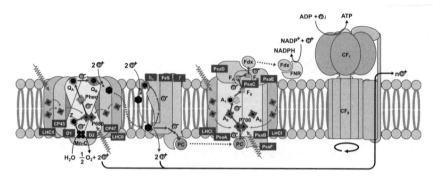

図 4.9 葉緑体の電子伝達経路
電子伝達鎖(光化学系 II と I 複合体,シトクロム b_6f)と ATP 合成酵素(CF1-CF0)の構成成分を示している.電子は水から $NADP^+$ へ伝達される.この電子伝達に連動して膜を介したプロトン勾配が形成され,ATP 合成酵素による ATP 合成に利用される.

量体)に伝達される.光エネルギーによって励起された P680 はフェオフィチン(pheo,クロロフィルからマグネシウムが外れた分子)に電子を伝達し,電子はさらにフェオフィチンからプラストキノン A,B(Q_A, Q_B)へと伝達される.電子を放出した P680(酸化体)は水分子の分解によって電子が補充されることで基底状態(還元体)に戻る.水はマンガンクラスタ(Mn-C)で分解され,取り出された電子は Z(D1 タンパク質の 161 番目のチロシン残基)を経て P680 へ伝達される.

　光化学系 II 複合体阻害剤は D1 タンパク質上の Q_B 結合部位近傍に結合することによって電子伝達を阻害する.その結果,二酸化炭素固定が停止するとともに,フリーラジカルが生成され,膜脂質の過酸化による膜構造の破壊が生じて枯死に至る(図 4.9).なお,光化学系 II 複合体阻害剤は薬剤間で結合様式が多少異なることから 3 つのグループに分類されている(図 4.10).結合様式の相違は,D1 タンパク質をコードする *psbA* 遺伝子が変異して抵抗性を獲得した雑草において感受性が異なることからも類推される.例えば,Ser264 が Gly に置換した雑草はトリアジン系のアトラジンに対して強い抵抗性を示すが,ウレア系のジウロンには感受性である.一方,219Val が Ile に置換した雑草はジウロンに強い抵抗性を示すが,アトラジンには感受性である.

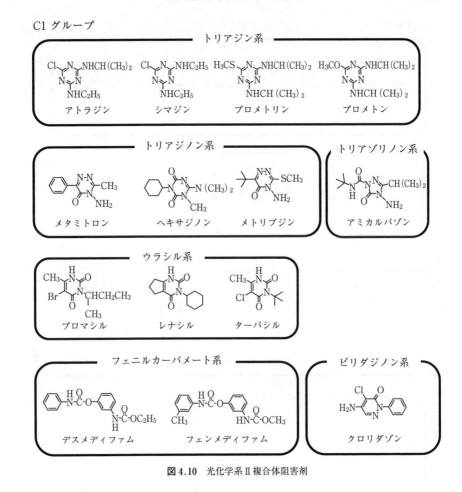

図 4.10 光化学系 II 複合体阻害剤

4.4.2 光化学系 I 複合体を作用点とする薬剤（HRAC 分類 D）

　光化学系 I 複合体は，PsaA および PsaB タンパク質が複合体の核を形成する，10 を超える Psa タンパク質の集合からなる．プラストキノンに伝達された電子は，シトクロム b_6f 複合体によってプラストシアニン（PC）に伝達され，光化学系 I 複合体に到達して反応中心に存在する P700（P680 と同じくスペシャルペアクロロフィル）に伝達される．電子は光エネルギーによって励起された P700 からクロロフィル分子 A_0, フィロキノンである A_1 電子受容体へ順次移動する．

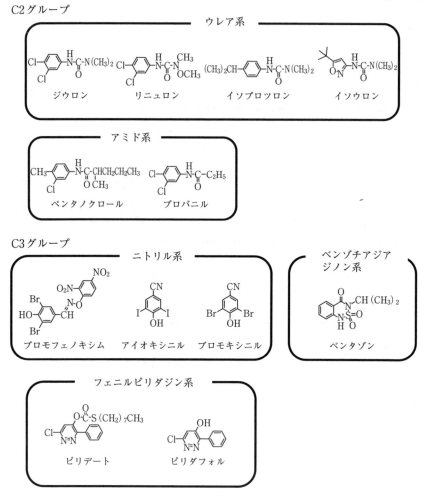

図 4.10 光化学系 II 複合体阻害剤（続き）

その後，一連の鉄-硫黄センター（F_x, F_A, F_B）を介して電子伝達が進行し，最終的に可溶性の電子受容体であるフェレドキシン（Fdx）に達する．光化学系 I 複合体から電子を受け取ったフェレドキシンは，フェレドキシン-NADP 酸化還元酵素を介して NADP を還元する．その結果，生成した NADPH はカルビンサイクルにおいて還元力として利用される（図 4.9）．

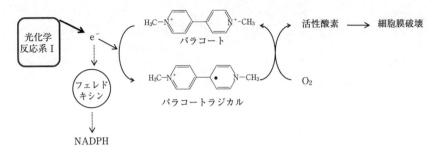

図 4.11 ジピリジウム系除草剤の作用機構

パラコートやジクワットのようなビピリジリウム系除草剤は，PsaC タンパク質または近傍に結合して，フェレドキシンから NADP に渡される電子を奪って光合成を阻害する．パラコートは電子により，一電子還元を受けてパラコートフリーラジカルになる．この不安定なフリーラジカルは，ただちに空気中の酸素分子により酸化されもとのパラコートに戻る．この際生じる活性酸素が細胞膜を破壊し殺草効果を発現する（**図 4.11**）．

4.5 光合成色素生合成を作用点とする除草剤

光合成色素生合成を作用点とする除草剤は，クロロフィル生合成経路のプロトポルフィリノーゲン酸化酵素（PPO）を作用点とする薬剤と，カロチノイド生合成経路のフィトエン不飽和化酵素（PDS）を作用点とする薬剤，4-ヒドロキシフェニルピルビン酸ジオキシゲナーゼ（HPPD）を阻害する薬剤，作用機構未知，1-デオキシ-D-キシルロース 5-リン酸（DOXP）合成酵素を阻害する薬剤に分けられる．このうち，未知のものを除く作用機構について以下に解説する．

4.5.1 PPO を作用点とする薬剤（HRAC 分類 E）

PPO 阻害型除草剤は，大きなタイプではジフェニルエーテル系とジアリール系に分けることができる．ジアリール系は，フェニルピラゾール，N-フェニルフタルイミド，チアジアゾール，オキサジアゾール，トリアゾリノン，オキサゾリジンジオン，ピリミジンジオン骨格等，多様な構造が開発されている（**図 4.12**）．

これら薬剤はヘムおよびクロロフィルの基本骨格であるポルフィリン環合成過

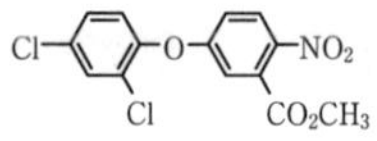

ジフェニルエーテル系

ビフェノックス 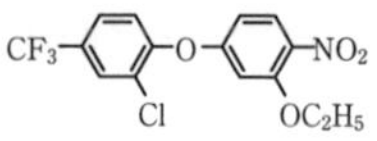　　オキシフルオルフェン

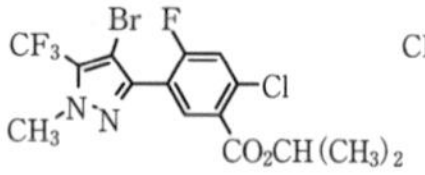

フェニルピラゾール系

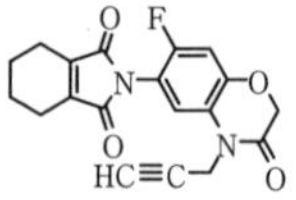

フルアゾレート 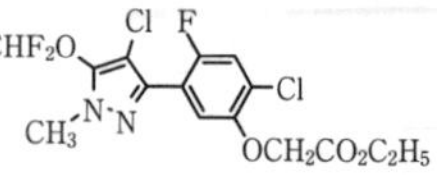　　ピラフルフェンエチル

N-フェニルフタルイミド系

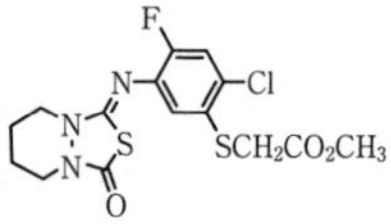

フルミオキサジン 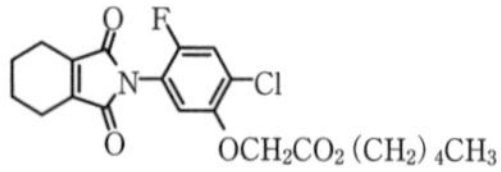　　フルミクロラックペンチル 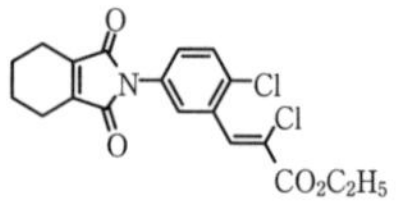　　シニドンエチル

チアジアゾール系

フルチアセットメチル 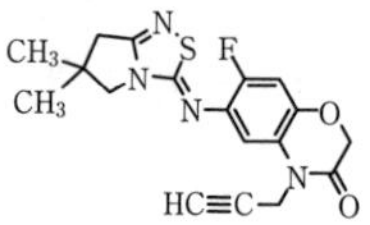　　チジアジミン

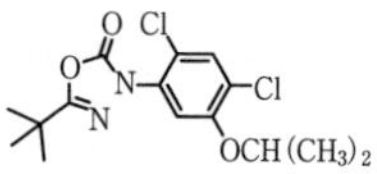

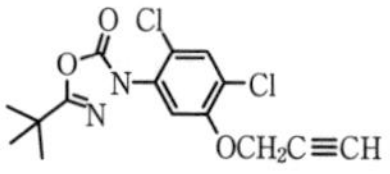

オキサジアゾール系

オキサジアゾン　　オキサジアルギル

トリアゾリノン系

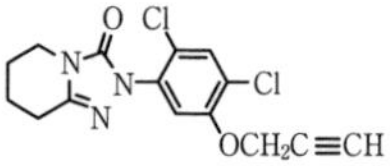

アザフェニジン 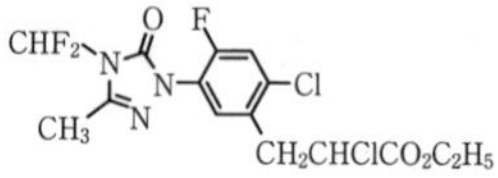　　カルフェントラゾンエチル 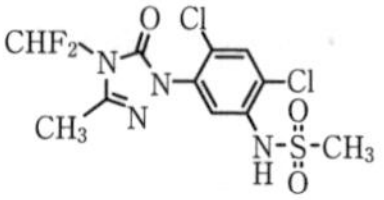　　スルフェントラゾン

オキサゾリジンジオン系

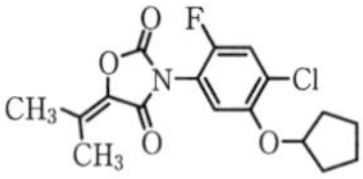

ペントキサゾン

ピリミジンジオン系

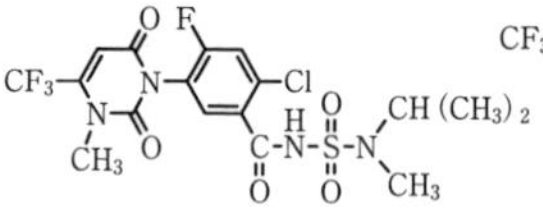

サフルフェナシル 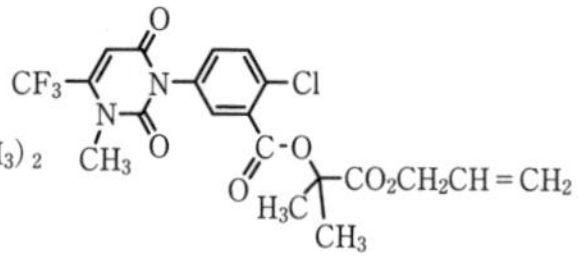　　ブタフェナシル

その他

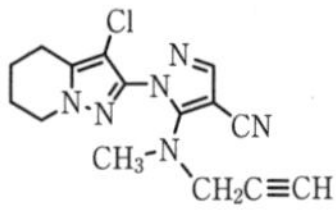

ピラクロニル 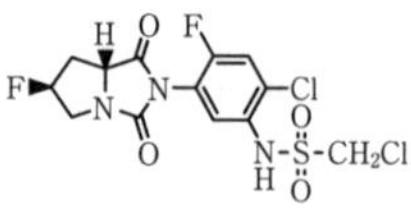　　プロフルアゾール 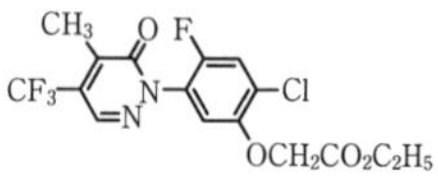　　フルフェンピルエチル

図 4.12　PPO 阻害剤

4.5 光合成色素生合成を作用点とする除草剤

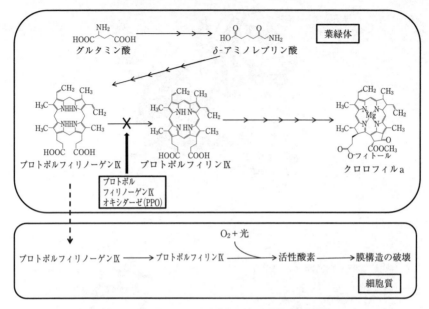

図 4.13　クロロフィル生合成と PPO 阻害剤の作用機構

程において，分子状酸素によるプロトポルフィリノーゲン IX からプロトポルフィリン IX への酸化を触媒する PPO を阻害する．本酵素の阻害によって葉緑体に蓄積したプロトポルフィリノーゲン IX は細胞質に移行し，非酵素的あるいは過酸化酵素によってプロトポルフィリン IX に酸化される．細胞質に蓄積したプロトポルフィリン IX は光の存在下，大量の一重項酸素を発生し，細胞膜における脂肪酸の不飽和結合の過酸化を引き起こす．その結果，膜構造の破壊と細胞内物質の漏出，色素の分解，葉のネクロシスが生じて植物が枯死する（図 4.13）．このように，これらの薬剤が除草活性を発現するには光が必要である．

PPO 阻害剤のうち，フェニルピラゾール骨格の阻害剤（INH）とタバコミトコンドリアの PPO との複合体 X 線結晶構造（PDB ID：1SEZ）が解析されている．解析の結果，PPO の活性部位はフラビンアデニンジヌクレオチド（FAD）と基質結合ドメインの間に位置しており，INH は FAD の下の多数の芳香族および脂肪族アミノ酸ならびに Asn67 および Arg98 によって形成される平らな基質結合領域に結合していた．また，Arg98 とカルボキシ基との水素結合，Phe392 とピラゾール環との π-π 相互作用が確認され，ベンゼン環は Leu356 と Leu372

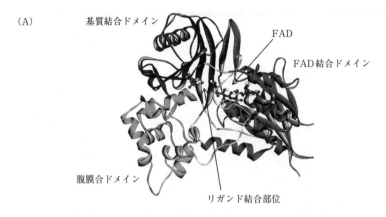

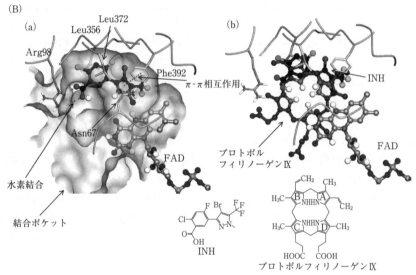

図 4.14 タバコ由来 PPO の全体構造（A），PPO と阻害剤の結合様式（B）
a：PPO と INH との相互作用，b：プロトポルフィリノーゲン IX と INH との重ね合わせ．

にはさまれた位置への結合が確認されている．さらに，基質であるプロトポルフィリノーゲン IX と INH を重ね合わせた場合，プロトポルフィリノーゲン IX の A 環と B 環の位置に INH のピラゾール環，フェニル環がそれぞれ配置されていた（**図 4.14**）．

4.5.2 カロチノイド生合成を作用点とする薬剤(HRAC分類F1, F2, F4)

カロチノイドは葉緑体のチラコイド膜に多く含まれており，活性酸素や過酸化物を消去することでクロロフィルを保護している．そのため，カロチノイドの生合成が阻害されると，植物は光による活性酸素の発生に対して保護作用を失い，クロロフィルが分解されて白化，枯死する（図4.15）．カロチノイドの生合成阻害剤としては，本経路のフィトエンからフィトフルエンを経てζ-カロテンに至る2段階の不飽和化を触媒するPDSの阻害剤が挙げられる（図4.16）．このうち，イネPDSタンパク質との複合体X線結晶構造（PDB ID：5MOG）によれば，阻害剤の1つであるノルフルラゾンは補因子であるFADのイソアロオキサジン環に近接したプラストキノンの結合部位に結合する[2]（図4.17）．これは，酵素反応の速度論的解析においてノルフルラゾンが基質であるフィトエンとは競合せず，プラストキノンと競合する結果と一致している．Arg300の側鎖とカルボニル基の酸素との水素結合，Ala539の主鎖のカルボニルと5-N-メチルアミノ基との水素結合，FADのイソアロオキサジン環とピリダジノン環との間でのπ-π相互作用がPDSタンパク質とノルフルラゾンとの間の重要な相互作用と考えられている．またPDS阻害剤に共通するCF_3基は，5～6 Åの距離で疎水性チャネルの環内部を形成するメチオニン側鎖（Met188, Met277, Met310）の硫黄原子の方向に向けられている[2]．PDS阻害剤は比較的構造の類似性が低いが，シロイヌナズナにArg300を各種アミノ酸に置換したクロモ由来のPDSを導入するとPDS阻害剤に対する感受性が低下することから[3]，いずれもプラストキノン結合領域周辺に作用すると考えられる．

別のカロチノイド生合成阻害剤として，HPPD阻害剤がある．HPPDはチロシンの異化経路における4-ヒドロキシフェニルピルビン酸からホモゲンチジン酸への変換を触媒する酵素であり，生成するホモゲンチジン酸はトコフェロールやプラストキノンの前駆体として利用される．またプラストキノンは，カロチノイド生合成のPDSが触媒する反応において電子受容体として機能する．したがって，HPPDが阻害されプラストキノンの生合成が停止することで間接的にPDS反応が止まり，カロチノイドの生合成が阻害される（図4.15）．HPPD阻害剤は，トリケトン系，ピラゾール系，イソオキサゾール系，その他に分類されるビシクロ環タイプがある（図4.18）．ピラゾール系化合物のDAS869（未商品化）およびトリケトン系のスルコトリオンのシロイヌナズナHPPDとの複合体結晶構造解析によれば，両剤とも1,3-ジケトン構造の2つの酸素原子がFe(II)

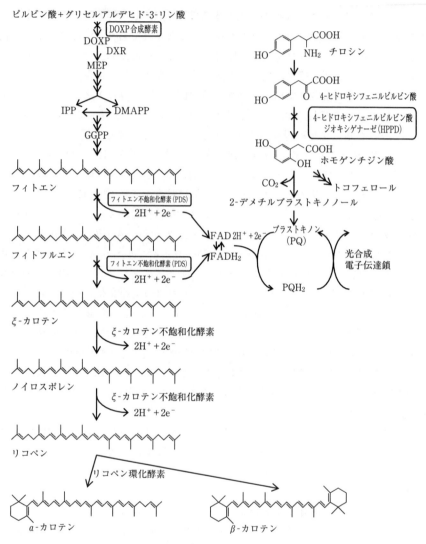

図 4.15　カロチノイドおよびプラストキノン生合成経路

に配位結合し，ベンゾイル部位が 360 番目および 403 番目のフェニルアラニンと π-π 相互作用することで，基質である 4-ヒドロキシフェニルピルビン酸の酵素への結合と拮抗する（図 4.19）．イソキサゾール系化合物の複合体結晶構造は明

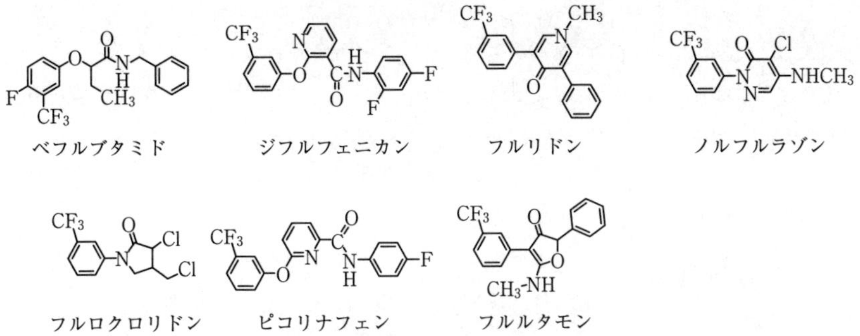

4.5 光合成色素生合成を作用点とする除草剤

図 4.16 PDS 阻害剤

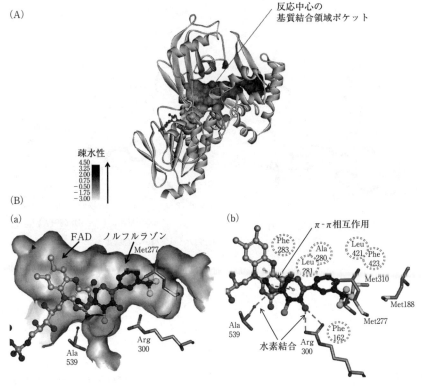

図 4.17 イネ PDS タンパク質の全体構造と結合ポケット (A), イネ由来 PDS とノルフルラゾンの結合様式 (B)
a：結合ポケットでの FDA とノルフルラゾンの配置, b：イネ由来 PDS とノルフルラゾンの相互作用.

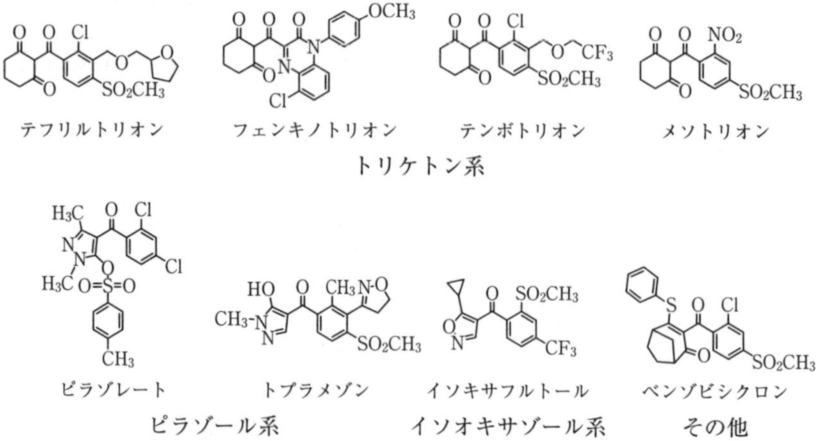

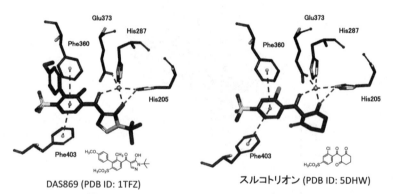

テフリルトリオン
フェンキノトリオン
テンボトリオン
メソトリオン
トリケトン系
ピラゾレート
トプラメゾン
イソキサフルトール
ベンゾビシクロン
ピラゾール系
イソオキサゾール系
その他

図 4.18　HPPD 阻害剤

Glu373
His287
Phe360
His205
Phe403
DAS869 (PDB ID: 1TFZ)
Glu373
His287
Phe360
His205
Phe403
スルコトリオン (PDB ID: 5DHW)

図 4.19　シロイヌナズナ HPPD と阻害剤の結合様式

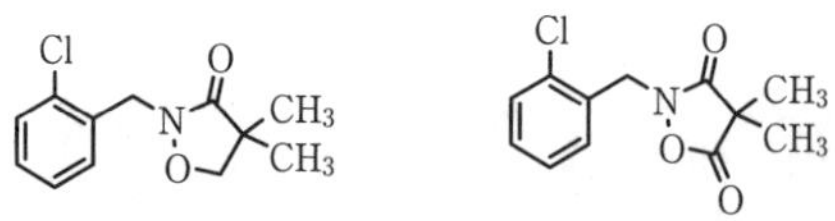

クロマゾン　　　5-ケトクロマゾン

図 4.20　DOXP 阻害剤

らかとなっていないが，イソキサフルトールが植物体内で分解して生じる 1,3-ジケトン型活性本体も Fe（II）とキレートを形成する．

なお，カロチノイドの合成出発原料であるイソペンテニルピロリン酸（IPP）

は非メバロン酸経路*によって供給されるが,クロマゾンの活性本体(5-ケトクロマゾン)はこの非メバロン酸経路のDOXP合成酵素を阻害する(図4.15,4.20).

4.6 脂肪酸生合成を作用点とする除草剤

脂肪酸生合成を作用点とする除草剤は,脂肪酸生合成経路のアセチルCoAカルボキシラーゼ(ACCase)を作用点とする薬剤と,超長鎖脂肪酸(VLCFA)生合成に関わるVLCFA伸長酵素(VLCFAE)を作用点とする薬剤の2つに分けられる.

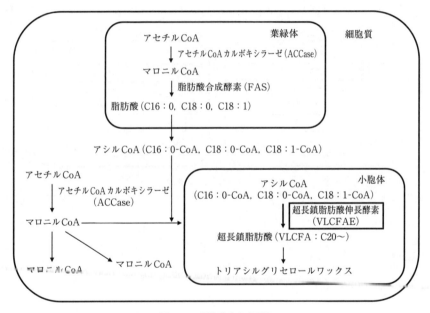

図4.21 脂肪酸生合成経路

---

* 非メバロン酸経路:植物が産生するイソプレノイドの生合成経路には,細胞質で生合成されるメバロン酸(MVA)経路と,葉緑体で生合成される非メバロン酸(MEP)経路が知られている.イソプレノイドは植物ホルモンやステロール,クロロフィルやカロチノイドなどの色素といった植物細胞にとって必須な成分,さらには薬理活性を示す二次代謝産物等の多様な化合物の総称である.MVA経路とMEP経路は,これらイソプレノイド化合物を生合成するが,カロチノイドは非メバロン酸経路によって合成される.

4.6.1 ACCase を作用点とする薬剤（HRAC 分類 A）

ACCase は脂肪酸合成の開始反応を触媒する酵素であり，二酸化炭素を取り込み，アセチル CoA の炭素鎖を 1 つ伸ばしてマロニル CoA を合成する反応に関与する．脂肪酸はこのマロニル CoA が脱炭酸して生成する炭素 2 個のユニットがつながって合成される（図 4.21）．植物 ACCase には原核生物型と真核生物型があり，原核型は複数のサブユニットからなる酵素で，真核型は 1 つの大きなタンパク質からなる．双子葉植物ではナタネを除いて細胞質に真核型，葉緑体に原核型が存在するのに対して，単子葉植物では細胞質，葉緑体のいずれにも真核型が存在する（図 4.22）．

ACCase 阻害剤は構造の面から，フェノキシプロピオン酸系（FOP），シクロヘキサンジオン系（DIM），フェニルピラゾリン系（DEN）に分類できる（図

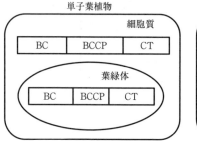
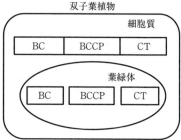

図 4.22 ACCase の比較
BCCP：ビオチンカルボキシルキャリアープロテインドメイン，BC：ビオチンカルボキシラーゼドメイン，CT：カルボキシルトランスフェラーゼドメイン．

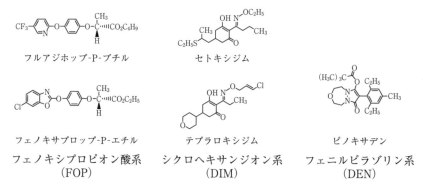

図 4.23 ACCase 阻害型除草剤

4.23).これらの剤はおもに茎葉処理剤として使用されており,単子葉雑草に特異的活性を示すことが特徴である.この特異的な効果は,化合物が単子葉植物の葉緑体に存在する真核型の ACCase のみを選択的に阻害することによる.FOP 剤と DIM 剤の ACCase への結合部位は少しずれており,FOP 剤は基質のアセチル CoA に対して非拮抗的に,DIM 剤は拮抗的に阻害する.この結合部位のちがいは,酵母由来の酵素の X 線結晶構造解析データを利用したノスズメノテッポウ酵素のコンピューターモデルでも確認されている.

　FOP 剤としては,イネ用のシハロホップブチルやシバ,観賞植物,イネに用いられ世界で多く使用されているフェノキサプロップ-P-エチル,ならびにマメ類や蔬菜類に使われる日本発のフルアジホップ-P-ブチル等,多くの薬剤が開発された.FOP 剤がイネやシバのようなイネ科の作物にも用いることができるのは,作物/雑草間の代謝のちがいによる.例えば,ジクロホップメチルはムギにおいてアリル部の水酸化とそれに続くグルコース抱合,またはカルボン酸部位のグルコース抱合によって代謝されることが示されている.FOP 剤は抵抗性雑草の出現により現在はほとんど開発研究が行われていないが,比較的新しい薬剤としてイネに使われるメタミホップがある.

　DIM 剤はマメ類や蔬菜類に適用性があり,世界で多く使用されているクレトジムや日本発のセトキシジムが開発されたが,FOP 剤同様ほとんど開発が行われなくなっている.比較的新しい開発剤としてはダイズ,ナタネ,ワタ等に適用性のあるテプラロキシジムがある.

　ムギ類に使われる DEN 剤のピノキサデンは,殺虫剤を目指して展開されてきた化合物の中から見いだされた.FOP 剤や DIM 剤よりも殺草スペクトラムが広く,ヨーロッパを中心に世界で多く使用されている.DEN 剤は FOP 剤抵抗性雑草にも効果があるので注目されているが,ピノキサデン以外には開発された剤はない.

4.6.2　VLCFAE を作用点とする薬剤（HRAC 分類 K3）

　VLCFAE は,植物クチクラのワックス層や細胞膜のスフィンゴ脂質の主成分である VLCFA の生合成に関与する酵素である.VLCFA は炭素鎖が 20〜30 以上の飽和脂肪酸や不飽和脂肪酸からなり,葉緑体で合成された C16 以上のアシル CoA が小胞体に移行した後,マロニル CoA との反応で炭素数が 2 つずつ伸長されることで生成する（図 4.21,4.24）.炭素鎖伸長反応には 4 つの酵素が関与

142   4. 除　草　剤

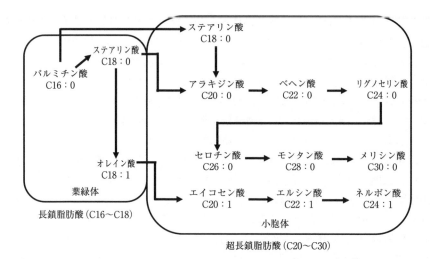

図 4.24　超長鎖脂肪酸生合成経路

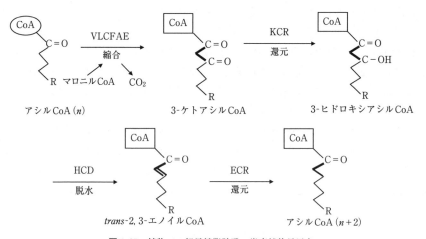

図 4.25　植物での超長鎖脂肪酸の炭素鎖伸長反応
KCR, HCD, ECR は順に 3-ケトアシル CoA 還元酵素, 3-ヒドロキシアシル CoA 脱水酵素, trans-2,3-エノイル CoA 還元酵素を表す.

し, 最初の縮合反応を触媒しているのが VLCFAE である (**図 4.25**). VLCFAE は植物や藻類の超長鎖脂肪酸を合成する酵素であり, 同様な機能をもつ酵素は動物には存在しないことから, VLCFAE を作用点とする薬剤は安全性にすぐれる

4.6 脂肪酸生合成を作用点とする除草剤

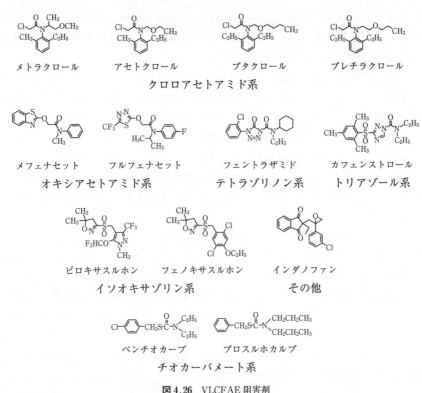

図 4.26 VLCFAE 阻害剤

と考えられる.

　クロロアセトアミド系薬剤の中では，トウモロコシやダイズに適用性のあるアセトクロールやメトラクロールが世界で多く使用されている．このクロロアセトアミド系薬剤の作用点は，メタザクロールやアラクロールを用いて VLCFAE であることが明らかにされた．その後アセトアミド系，オキシアセトアミド系，テトラゾリノン系，トリアゾリノン系，トリアゾール系，イソオキサゾリン系薬剤も VLCFAE を作用点とすることが示された（図 4.26）．また，HRAC 分類 N のペブレートやベンチオカーブのようなチオカーバメート系薬剤もその硫黄原子が酸化された後 VLCFAE を阻害する．一方，HRAC 分類 Z（作用点未知）に含められるオキシラン系薬剤のインダノファンはそのままの形で VLCFAE を阻害する（インダノファンは HRAC 未申請なのでいまだ作用点未知の Z グループに分類されたままである）．メフェナセット，カフェンストロール，フェントラザミ

ド，インダノファン，イプフェンカルバゾン，フェノキサスルホン，そしてクロロアセトアミド系薬剤のブタクロール，プレチラクロールは日本の水稲用除草剤として重要な地位を占めている．

コムギ，ダイズ，トウモロコシ等に適用性をもつピロキサスルホンやムギ類に使われるフルフェナセットについては，VLCFAE 阻害に関する詳しい研究結果が報告されている．例えばピロキサスルホンを植物培養細胞に処理すると炭素数 20 以上の VLCFA が大幅に減少するのに対して，炭素数 18 以下の VLCFA 前駆体が蓄積する．また雑草から調製したミクロソーム画分を用いた実験では，ピロキサスルホンが VLCFAE 活性（C18：0→C20：0，C20：0→C22：0，C22：0→C24：0，C24：0→C26：0 ならびに C26：0→C28：0）を低濃度で阻害することも示されている．

なお，植物には複数の VLCFAE が存在し，VLCFA が伸長する反応には複数の酵素が関わっていることが知られている．イネやシロイヌナズナではそれらの分子種が遺伝子レベルで同定されている．VLCFAE 阻害剤は作用点の変異に起因する抵抗性が発達しにくいと考えられており，その理由の 1 つは作用点が複数存在することである．ちなみに，クロロアセトアミド系除草剤は VLCFAE を不可逆的に阻害することが報告されているが，一方でピロキサスルホンの阻害は多くの植物で可逆的である．したがって，同じ VLCFAE 阻害剤でも酵素阻害の反応機構は異なる可能性が示唆されている．

4.7　オーキシン様除草剤およびオーキシンの極性輸送を作用点とする除草剤

オーキシンはおもに細胞の分裂・伸長・分化を制御することで，胚形成，発根促進，頂芽優勢，光・重力屈折などの植物の分化・成長のさまざまな面に関与する重要な植物ホルモンである．オーキシンの作用に関わる除草剤は，オーキシン様薬剤，すなわちオーキシンと同様な作用で除草効果を出す薬剤と，オーキシンの極性輸送を阻害する薬剤の 2 つに分けられる．

4.7.1　オーキシン様薬剤（HRAC 分類 O）

オーキシン様薬剤には，フェノキシカルボン酸系，安息香酸系，ピリジン/ピリミジンカルボン酸系*，キノリンカルボン酸系などがある（図 4.27）．オーキシンが植物の分化・成長のさまざまな面に関与する理由は，オーキシンによって

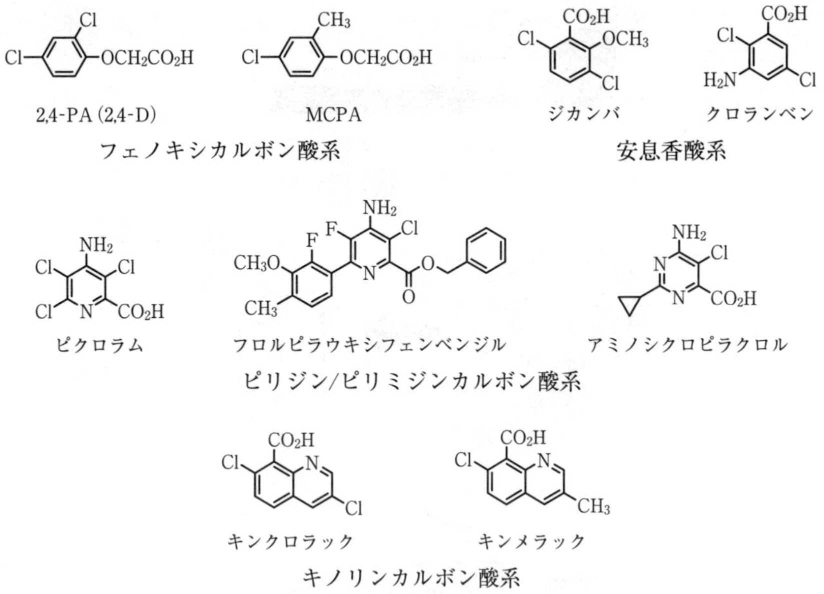

4.7 オーキシン様除草剤およびオーキシンの極性輸送を作用点とする除草剤

フェノキシカルボン酸系
- 2,4-PA (2,4-D)
- MCPA

安息香酸系
- ジカンバ
- クロランベン

ピリジン/ピリミジンカルボン酸系
- ピクロラム
- フロルピラウキシフェンベンジル
- アミノシクロピラクロル

キノリンカルボン酸系
- キンクロラック
- キンメラック

図 4.27　オーキシン様除草剤

誘導される多様なオーキシン応答性遺伝子群の働きによるものである．通常，これらの応答遺伝子群の転写は，転写抑制因子（Aux/IAA リプレッサー）が ARF（auxin response factors）転写因子に結合して制御されている．一方，植物細胞内のオーキシンやオーキシン様除草剤の濃度が高まり，transport inhibitor response 1（TIR1）/auxin-related F-box proteins（AFB）受容体に結合すると，TIR1 と Aux/IAA の両タンパク質間の疎水結合による相互作用が促進される．その結果，Aux/IAA リプレッサーが分解されて ARF 転写因子の抑制が解除され，さまざまなオーキシン応答性遺伝子群が活性化される（図 4.28）．過剰量のホルモン活性化合物でこれら遺伝子が過剰発現すると，エチレンやアブシジン酸など他のホルモンの生成が異常に促進されるようになり，正常な植物ホルモン作用が攪乱された結果，植物は枯死に至る．

　リプレッサーの分解にはユビキチンプロテアソーム系が関与している．具体的

---

*　ピリミジンカルボン酸系の化合物はオーキシン様除草剤として公表されているが，2018 年時点では，市販剤はアミノシクロピラクロルのみで HRAC には掲載されていない．

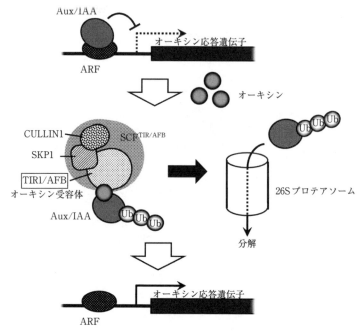

図 4.28 オーキシン応答機構

には，Aux/IAA リプレッサーは SCF（Skip1, Cullin, F-box protein）複合体である E3 ユビキチンリガーゼにより認識され，ユビキチン化を受けてプロテアソームにより分解される．オーキシン受容体の TIR1 は，この SCF 複合体においてユビキチン化される標的タンパク質の認識を担う F-box protein として機能している．

シロイヌナズナでは 6 種類のオーキシン受容体（TIR1, AFB1～AFB5）が存在し，薬剤ごとに受容体に対する親和性が異なることが近年明らかになってきている[4]．例えば，フェノキシカルボン酸系の 2,4-PA は TIR1 との親和性が高いが，ピリジンカルボン酸系のピクロラムは AFB4 や AFB5 との親和性が高い[5]．安息香酸系のジカンバは，おもに TIR1 と AFB5 受容体を介して，オーキシン活性を示す[6]．

オーキシン様薬剤は，一般に双子葉植物に対しては高い効果を示すが，単子葉植物に対する効果は低い．単子葉植物で効果が低い理由は，維管束の構造的なちがいや代謝などさまざまな要因が考えられる一方，キンクロラックやフロルピラ

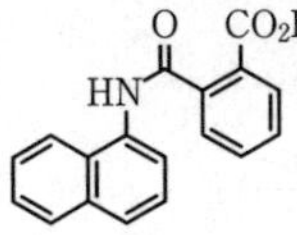

4.8 細胞分裂を阻害する薬剤（HRAC 分類 K1, K2）

ナプタラム 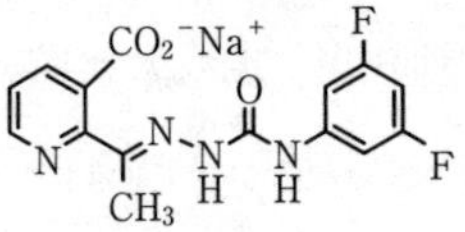　　　　ジフルフェンゾピル
　　　　　　　　　ナトリウム塩

図 4.29　オーキシン輸送阻害剤

ウキシフェンベンジルは単子葉雑草に対しても効果を示す．キンクロラックの単子葉植物への効果は，エチレン生合成を促進させ，その副産物であるシアン化水素を蓄積させること，および多量の活性酸素を誘導することに起因すると考えられている[7]．また，キンクロラックはトウモロコシの根においては活性酸素の過剰発生を誘導し，それによる脂質の過酸化が細胞死を引きおこす[8]．

4.7.2　オーキシンの極性輸送を阻害する薬剤（HRAC 分類 P）

オーキシンは細胞間を決められた方向（茎頂部から基部側）に輸送されており，これをオーキシン極性輸送という．おもに PIN タンパク質という細胞膜に存在する膜輸送体を介して極性輸送が行われると考えられている．このオーキシンの極性輸送を阻害する薬剤として，NPA（ナプタラム），ジフルフェンゾピルナトリウム塩が知られている（図 4.29）．NPA の作用機構に関してはさまざまな検討が行われているが，いまだ解明には至っていない[9]．

4.8　細胞分裂を阻害する薬剤（HRAC 分類 K1, K2）

植物の成長において，有糸分裂による細胞分裂は必須の過程である．まず，核内における DNA の複製により形成された一対の染色体が細胞の赤道面を横切って平面状に配列される．次に対を成したこれらの染色体は，それぞれ微小管からなる紡錘糸により反対極に引き寄せられる．その後，細胞膜，細胞壁の生成を経て 2 つの独立した細胞となり，分裂は完了する．微小管は球状タンパク質である α チューブリンと β チューブリンが結合したヘテロ二量体（ヘテロダイマー）を単位とする．このヘテロ二量体が直線上に重合し，プロトフィラメントを形成する．さらにこのプロトフィラメントが管状に束ねられて微小管が形成される．微小管阻害剤は，構造的特徴からジニトロアニリン，安息香酸，ホスホロアミデー

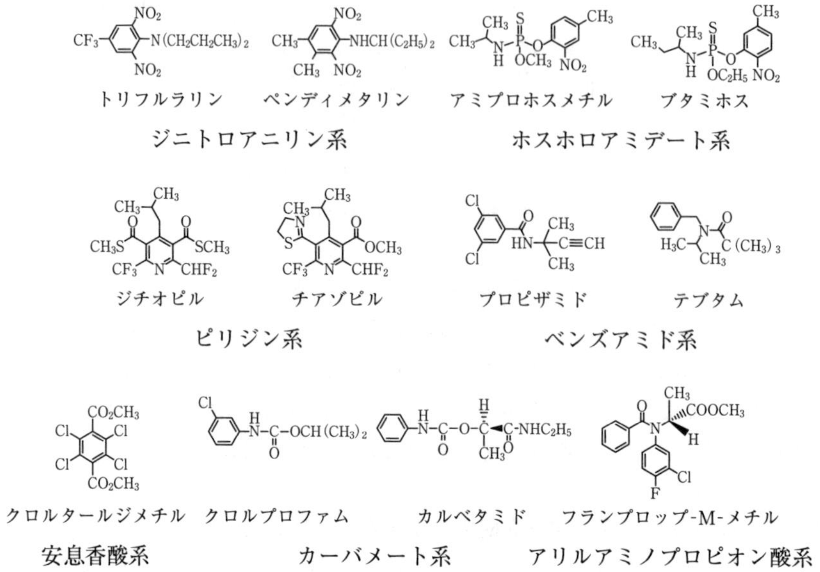

図4.30 の構造式:

トリフルラリン　ペンディメタリン
ジニトロアニリン系

アミプロホスメチル　ブタミホス
ホスホロアミデート系

ジチオピル　チアゾピル
ピリジン系

プロピザミド　テブタム
ベンズアミド系

クロルタールジメチル
安息香酸系

クロルプロファム
カーバメート系

カルベタミド　フランプロップ-M-メチル
アリルアミノプロピオン酸系

図4.30 細胞分裂阻害剤

ト，ピリジン，ベンズアミドおよびカーバメートに分類（**図4.30**）され，一般的には雑草発生前の土壌処理により，一年生単子葉雑草，双子葉雑草の根および幼芽部の生長点に作用して細胞分裂を阻害する．

ジニトロアニリンおよびホスホロアミデートは α チューブリンに結合し，ベンズアミドは β チューブリンに結合し，重合を阻害する．チューブリンは生物種を問わずに存在するが，例えばジニトロアニリン系は哺乳類と真菌のチューブリンには効果を示さず，選択性がみられる．ピリジン系のジチオピルはチューブリンには結合せず，微小管に結合する microtubule-associated protein（MAP）を阻害する結果，微小管が短くなり紡錘糸の形成ができなくなる．この作用症状は，微小管結合タンパクをコードする microtubule organization 1（MOR1）遺伝子の欠損変異体と類似することからも，ジチオピルはチューブリンを直接阻害していないと考えられる．カーバメート系除草剤の標的部位は明らかになっていないが，これらの薬剤によって染色体は多くの極に移動して細胞が多核化し，異常な形状の微小管が観察される．微小管はセルロース繊維の配向に関与するため，微小管に作用する薬剤は次節のセルロース生合成阻害剤と同様に細胞壁にも影響を与える．

4.9 細胞壁生合成を作用点とする薬剤（HRAC 分類 L）

多くの植物において細胞壁の主要な構成成分であるセルロースの合成には，ロゼットと呼ばれる 6 個のタンパク質粒子からなるセルロース合成酵素複合体（CSC）が重要な役割を果たす．CSC はゴルジ体で構築されて，トランスゴルジネットワークを介して細胞膜上に運ばれる．この複合体において，セルロース合成酵素（CesA）が UDP-グルコースを基質として $(1\rightarrow 4)$-β-D-グルカンの重合を触媒する．セルロース分子（$(1\rightarrow 4)$-β-D-グルカン）は分子間の水素結合によって束を形成し，強固な結晶性セルロース微繊維（cellulose microfibril）となる．セルロース微繊維は細胞の成長軸に対して垂直方向に配向して，細胞側面肥大を抑制することにより，一定方向への細胞伸長を促進する．なお，細胞壁におけるセルロース微繊維の並び方は表層微小管によって制御されており，CSC は表層微小管に沿って細胞膜中を移動する（**図 4.31**）．

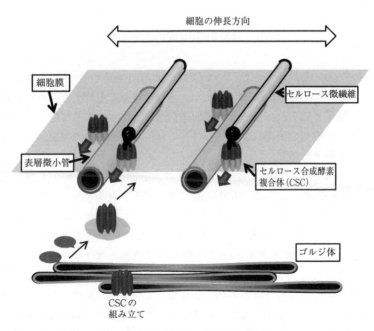

図 4.31　セルロース合成機構

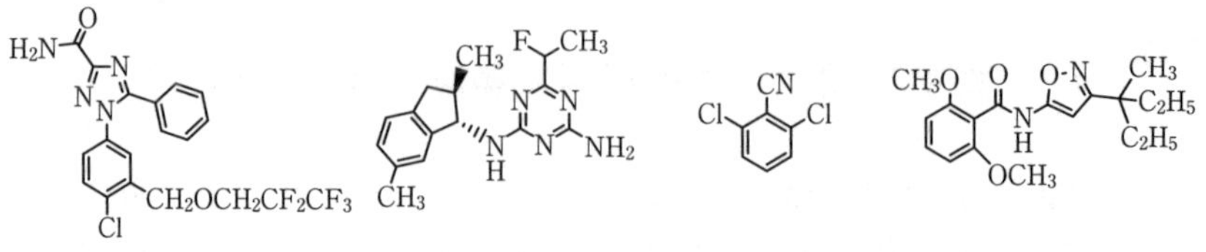

フルポキサム　　　インダジフラム　　　ジクロベニル　　　イソキサベン

図 4.32 細胞壁（セルロース）合成阻害剤

セルロース合成阻害型除草剤を処理した雑草は，細胞壁におけるセルロース生合成の停止およびセルロース微繊維の配向が乱れることにより，細胞が放射状に膨潤して，一定方向への伸長が崩れて結果的に植物体の矮化が生じる．これら除草剤の中で，イソキサベンとフルポキサム（図 4.32）は直接 CesA を阻害して細胞膜上のセルロース合成酵素複合体を消失させる．一方，ジクロベニルとインダジフラムは，作用点は明らかになっていないが，CesA の細胞膜内の増加にともなって CSC の移動を停止することでセルロース合成を阻害することが報告されている．

4.10　除草剤の選択性と抵抗性

　除草剤の作物-雑草間選択性については，薬剤処理時の作物と雑草の生育ステージのちがい等の耕種的要因に加えて，作物と雑草の生理的なちがいに依存している例が数多く知られている．生理的選択性は，作用点の感受性差が選択性要因になる場合と薬剤の解毒代謝や移行性等の作用点以外のものが要因になる場合の2通りに大別される．

　選択性に関わる主な解毒代謝は，シトクロム P450（P450）が中心構成成分である複合酸化酵素系による酸化反応，グルコシルトランスフェラーゼによる水酸基のグルコース抱合，グルタチオン-S-トランスフェラーゼ（GST）によるグルタチオン抱合，エステラーゼやアミダーゼによる加水分解等である（第5章参照）．また，作物に対する薬害を軽減して作物-雑草間の選択幅を広げる化合物がセーフナーと呼ばれる薬剤である．セーフナーは作用機構の観点から，①作用点に到達する薬剤の濃度を下げるもの，②作用点で薬剤と拮抗するもの，③薬剤とは別の作用性により薬剤の効果を相殺するものの3つに分けられる．多くのセーフナーは P450 や GST の発現を増進することで作物の解毒代謝能を亢進させ，

作用点に到達する薬剤の濃度を下げる．クロキントセットメキシル，フェンクロラゾールエチル，イソキサジフェンエチル，シプロスルファミド等はこのタイプの比較的新しいセーフナーである．日本国内では，セーフナーが製品として使われている例は少ないが，除草剤のベンチオカーブ，ジメピペレート，ダイムロン等がベンスルフロンメチルのセーフナーとして働くことが知られている．

一方，この選択性の要因は雑草の除草剤抵抗性メカニズムと類似しており，抵抗性についても雑草の作用点が関係する抵抗性と作用点とは無関係な抵抗性の2通りに分けられる．作用点が関わる抵抗性は，作用点のアミノ酸変異によるものと作用点タンパク質の高発現に分けられる．作用点タンパク質の高発現は遺伝子増幅やプロモーターの増強による．作用点とは無関係な抵抗性は，薬剤の解毒代謝の亢進，浸透性や移行性の低下，薬剤の隔離等からなる．

4.11 除草剤耐性作物

除草剤抵抗性のメカニズムを人為的に作物で発現させたものが除草剤耐性作物であり，遺伝子組換え（GM）技術で作出されるものと従来の変異育種技術で作出されるものの2種類がある．遺伝子組換えの第1号は，1995年に開発されたGS阻害剤のグルホシネートに耐性をもつGM作物で，薬剤を解毒する酵素の遺伝子が導入されている．これに続いて，EPSPS阻害剤のグリホサートに耐性をもつものやALS阻害剤耐性をもつものが順次開発された．こちらでは薬剤に非感受性酵素の遺伝子を導入することで耐性が付与されている．

これらのうち，現在ではグリホサート耐性作物が最も多く栽培されている．しかし，グリホサートの使用量が増えるにつれて抵抗性雑草が広がり，グリホサート耐性作物の有用性は薄れつつある　近年は，グリホサート耐性に加えALS阻害剤耐性あるいはグルホシネート耐性の形質をもつもの，HPPD阻害剤やACCase阻害剤ならびにオーキシン様薬剤に対する耐性形質をもつもの，そしてそれらの耐性形質を2つ以上もつGM作物の開発が積極的に進められている．他方，従来技術で作出された耐性作物としては，ALS阻害剤のIMI剤耐性作物やSU剤耐性作物を挙げることができる．また，光化学系II複合体阻害剤耐性作物やACCase阻害剤耐性作物もある．ACCase阻害剤のキザロホップに耐性をもつイネは，IMI剤耐性イネとのローテーション栽培だけではなく，前述のグリホサート耐性GMダイズやグルホシネート耐性GMダイズとのローテーショ

ンも考慮されている．このように，既存除草剤に対する複数の耐性形質を利用した雑草防除が，新規有効成分の開発とともに継続的に進められている．

引用・参考文献
1) Garcia, M. D. *et al.*：*Proc. Natl. Acad. Sci. USA*, **114**, E1091-E1100（2017）
2) Bräusemann, A. *et al.*：*Structure*, **25**, 1-11（2017）
3) Arias, R. S. *et al.*：*Plant Biotechnol. J.*, **4**, 263-273（2006）
4) Calderon Villalobos, L. I. *et al.*：*Nat. Chem. Biol.*, **8**, 477-485（2012）
5) Prigge, M. J. *et al.*：*G3*, **6**, 1383-1390（2016）
6) Gleason, C. *et al.*：*PLoS One*, **6**, e17245（2011）
7) Grossmann, K.：*Pest. Manag. Sci.*, **66**, 113-120（2010）
8) Sunohara, Y. and Matsumoto, H.：*Phytochemistry*, **69**, 2312-2319（2008）
9) Teale, W. and Palme, K.：*J. Exp. Bot.*, **69**, 303-312（2018）
10) 佐々木満他編：日本の農薬開発，日本農薬学会（2003）
11) Krämer, W. *et al.* eds.：Modern Crop Protection Compounds, Vol. 1, Wiley Online Library（2007）
12) 山本　出編：農薬からアグロバイオレギュレーターへの展開，シーエムシー出版（2009）
13) 日本芝草研究開発機構：芝草管理技術者資格研修テキスト（第12回3級）（2014）
14) 日本植物防疫協会：農薬概説（2017）
15) International Survey of Herbicide Resistant Weeds（http://www.weedscience.org/Summary/SOA Summary.aspx，2018年8月7日確認）

⟨5⟩ 代 謝 分 解

　農薬の使用にあたり，ヒトは処理された農作物を食べたり，散布時に呼吸器や皮膚に付着した農薬を吸収したりすることで農薬に曝露される．このとき，吸収された農薬は体内で代謝を受け排泄されるが，生成した農薬の代謝物はもとの農薬とは異なる生理活性や毒性を示す可能性がある．そのため，ある農薬の安全性について綿密に検証するには，体内に入った農薬がどのような代謝・分解物へと変換されるか，体のどこ（どの臓器）に移行するか，どのような経路でどの程度排泄されるかを知る必要がある．また，農薬の安全性を確保するには標的生物と非標的生物間の選択性が欠かせないが，後述するとおり代謝・分解過程の生物種間差がその選択性の原因となっている場合も多く，この選択性のメカニズムを理解するためにも代謝に関する知見はきわめて重要である．

　農薬は作物を保護するために作物あるいはそれを栽培する土壌に処理されるが，生物の機能に影響を与えうる化合物（生理活性物質）を環境中に放出して使用するという点が，医薬品の場合との大きな違いである．医薬品の場合は投与されたヒトの体内での分布・代謝・分解についてのみ考慮すれば，その毒性および薬効を十分理解できるのに対して，農薬の場合にはそれを摂取する可能性のあるヒトに加えて，処理された農作物，さらには環境中での動態・代謝・分解についても十分考慮する必要がある．作物に処理された農薬は，図 5.1 に示したように，植物体内に移行し代謝を受けるとともに，葉面上で光分解を受ける．処理時に土壌に落下したものの一部は土壌表面で光分解を受け，土壌中に移行したものは微生物分解を受ける．これらの分解物が作物に吸収され，さらに作物中で代謝を受けることもあるだろう．土壌中の農薬はその物理化学特性（土壌吸着定数，水溶解度，分配係数）に従い，さまざまな強さで土壌に吸着されるが，土の中を水が移動すると吸着の強さに応じて下層に移行し，さらには地下水に移行することもある．また土壌の表面を流れる水とともに移動すると，河川等の水系に流入する．このように，農薬はきわめて複雑な過程を経て作物および水，大気，土壌等の間を移動し，それぞれの場所でさまざまに代謝・分解されつつ，種々の生物に影響を与える可能性をもつ．この環境中での運命を明らかとし，環境中の生物

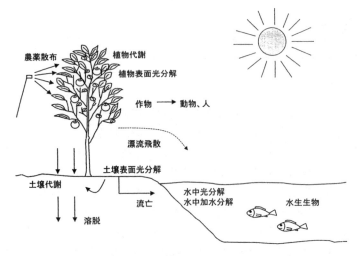

図 5.1 環境中に放出された農薬の運命

さらにはヒトがどのような代謝物・分解物に曝露されるかを考慮してリスク評価を行うために,種々の環境動態関連試験(表 1.10 参照)が行われる.

以上をふまえ,本章では実例を挙げながら,各種の代謝試験の目的,リスク評価における位置づけ,および基本的反応について述べる.

5.1 代謝運命と安全性評価

5.1.1 動物による代謝 (動物体内運命試験)

一般に,動物体内に吸収された農薬は,さまざまな臓器に分布し,代謝された後に体外に排泄される.動物体内運命試験はこの過程の詳細を明らかにするために実施され,先にも述べたとおり得られた知見はその化合物の毒性を理解するためのきわめて重要な情報となる.

通常,動物体内運命試験では農薬有効成分の放射性標識体(通常 ^{14}C あるいは ^3H 標識体を用いる)を,重篤な毒性を示さない用量でラットに経口投与し,その後の吸収(absorption,血中濃度推移),分布(distribution,臓器・組織中濃度),代謝(metabolism)および排泄(excretion,体外への排泄速度,率)を計測する.代謝では,臓器および排泄物中に含まれる代謝物を分別定量する.動物代謝試験は各試験内容の頭文字をとって ADME 試験と呼ばれることもある.こ

の試験で同定された代謝物は何らかの毒性を示す可能性はあるが，第1章で述べた毒性試験においては，試験中にこれらの代謝物にも同時に曝露し，その作用が反映された結果が得られていると考え，代謝物ごとの個別の試験は行われない．

動物体内運命試験の目的は，まず投与された放射能が一定時間内にすべて排泄されるか，特定の臓器・組織に蓄積する傾向がないか等に注意を払い，代謝経路と排泄経路を特定することにある．次に，動物における代謝経路に後述の植物代謝試験で同定された代謝物が含まれているかどうかも重要な点である．動物および植物に共通の代謝物である場合，植物に残留する可能性がある代謝物を摂取した際でも，その曝露の影響は動物を用いた毒性試験ですでに評価していると考えることができる．しかし，植物のみに含まれている場合は，植物に特異的な代謝物の動物に対する毒性評価を別途実施する必要が生じる．

通常，動物体内運命試験ではラットを供試動物として用いるが，種差，性差についての検討も重要である．特にラットでは代謝反応に大きな役割を占めるシトクロム P450（5.2.1項参照）の発現パターンに性差が大きく，ヒトに比べ代謝における性差が認められやすい[1]．このことは，ヒトとラットとの代謝に種差があることを示唆している．現在では代謝の種差や性差を確認する目的で，種々の動物由来の肝ミクロソーム（肝臓のシトクロム P450 を多く含む画分）を用いる *in vitro* 比較代謝試験がよく行われる．特に，ヒト肝由来ミクロソームや遺伝子組換え技術により得られたヒトのシトクロム P450 発現ミクロソームを用いて，ヒトにおける代謝の予測および検証が容易になった．

5.1.2　植物による代謝（植物体内運命試験）

図5.1に示したとおり，作物に処理された農薬は吸収・代謝され，また一部は作物表面上で光分解を受ける．このためヒトは作物を摂取する際に未変化の農薬有効成分のみならず，これらの代謝・分解物にも曝露される可能性がある．植物体内運命試験は，農薬の吸収移行，主要代謝経路および代謝物の量等を明らかにすることを目的としている．そのため，一般に農薬有効成分の放射性同位元素標識体を製剤化し，実際の使用方法に従って作物に処理した後に，植物体の部位ごとに「どのような代謝物」が「どの程度残留しているか」を経時的に明らかにする．特に，5.1.1項で述べたように動植物間での代謝物の相違は重要である．植物特異的な代謝物は，それらの毒性，曝露量をもとにリスク評価を行う必要があり，その程度によっては，長期毒性試験が実施されることもある．

また作物残留試験（第1章参照）では，代謝・分解物も含めた全体としての曝露量を把握することが目的である．したがって，その分析対象化合物は，植物代謝試験の結果に基づいて決定される．

5.1.3 環境中での動態・分解

農薬は処理後，土壌や水の中に移行し，微生物や光による分解を受ける．生成した分解物はさまざまな生物に影響を与える可能性があり，例えば魚類等の水生生物は水中における分解物に曝露される．土壌，水系および大気など環境中で生成する分解物やその生成経路を明らかにするために，加水分解運命試験，水中光分解試験，土壌表面光分解試験等の物理化学的分解性に加え，好気的および嫌気的土壌中運命試験，好気的湛水土壌中運命試験等の土壌代謝試験が実施される（1.2.2項参照）．また植物代謝試験の結果に基づいて作物残留試験の分析対照化合物が決定されるのと同様に，これらの試験で得られた代謝・分解物に関する情報は，残留性の程度に関する科学的知見を得ることを目的とした土壌残留試験における分析対象化合物の選定に利用される．さらに，環境リスク評価においては農薬の水中あるいは土壌中における濃度の経時変化を予測することが重要となるが，そのシミュレーションにはこれらの代謝試験から得られた分解速度などのパラメーターが活用される．土壌中には種々の分解活性を示す微生物が存在し，多くの農薬が最終的に炭酸ガスにまで分解されることが認められている．

5.1.4 家畜による代謝

牧草のように直接に動物の飼料となる農産物や，稲わらのように食用作物の副産物が飼料として利用される場合，家畜や家禽は飼料中に残留する農薬に曝露され，その産物（乳，畜肉，鶏卵）を摂取することで，ヒトは間接的に農薬残留物に曝露する可能性がある．このような曝露による安全性を評価するため，家畜・家禽代謝試験が行われる．試験では農薬有効成分あるいは植物における残留物を反芻動物や家禽に投与して，それらの代謝を調べる．その結果は，家畜残留試験における分析対象化合物を定めるために用いられ，分析結果に基づいて家畜・家禽産物に含まれる残留物のリスク評価が行われる．家畜代謝試験ではラットを用いた動物代謝試験と類似した結果が得られる場合が多いものの，反芻動物では投与された化合物が比較的長時間消化管に滞留することから，ラットではあまりみられない消化管内の微生物による還元反応が観察される場合もある．

5.2 代表的代謝反応とそれを触媒する酵素

　農薬の生体内や環境中での代謝・分解には種々の要因が関与するが，生物が関与する酵素による代謝と生物が関与しない非酵素的分解（光分解等）に大別される．本節ではそれぞれの代表的な反応と，触媒する酵素等について述べる．

5.2.1　生体が関与する反応

　代謝反応は化合物に極性基を導入し，水溶性を向上させて排泄を容易にする反応である．加水分解，酸化および還元は第1相反応と呼ばれる．次に，第1相反応生成物に生体内の極性分子を結合させる反応が抱合と呼ばれ，第1相に続く第2相反応として分類されている（図5.6参照）．

a. 加水分解

　カルボン酸誘導体（エステル，チオエステル，カーバメート，アミド等）を加水分解するカルボキシエステラーゼ（EC 3.1.1.1）は，哺乳類の消化管，血中，肝臓，腎臓等の組織に豊富に存在する．分子内にこれらの結合を有する農薬は基質となり，加水分解を受ける．本酵素はその活性中心にセリン残基を有するセリンヒドロラーゼスーパーファミリー*に属し，基質特異性の異なる種々の分子種が存在する．**図5.2**に示したように，まず酵素の活性中心セリンの水酸基が基質を攻撃しエステル中間体を形成するとともに，アルコールあるいはアミンを生成する．さらにこの中間体を水が攻撃することで，加水分解反応が完結する．

　エポキシドは，エポキシドヒドロラーゼ（EC 3.3.2.3）によりトランスジオールに加水分解される．その反応機構はカルボキシエステラーゼの場合と類似している．グルクロン酸抱合体や硫酸抱合体を加水分解するβ-グルクロニダーゼ（EC 3.2.1.31）やアリルサルファターゼ（EC 3.1.6.1）が触媒する反応も，形式的にはそれぞれヘミアセタールおよびアリル硫酸エステルの加水分解である（**図5.3**）．その他，アセタールやオキシムエーテル等も加水分解を受ける．一般に加水分解の結果生成する代謝物は，分子量が低下し，カルボン酸等の高極性の官能基をもつため，水溶性が向上し体外に排泄されやすくなる．

---

* 似通った構造や機能をもつタンパクをコードする遺伝子の集合をスーパーファミリーという．セリンヒドロラーゼ以外にも，免疫グロブリンやP450スーパーファミリー（後述）がある．スーパーファミリーはファミリー，サブファミリーに細分化される．

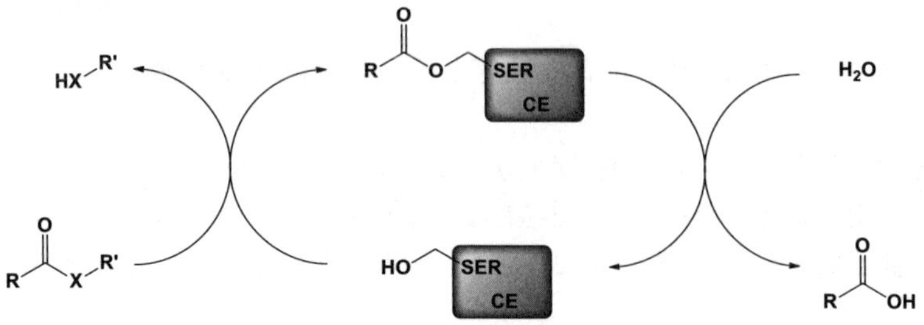

図5.2　カルボキシエステラーゼの反応機構

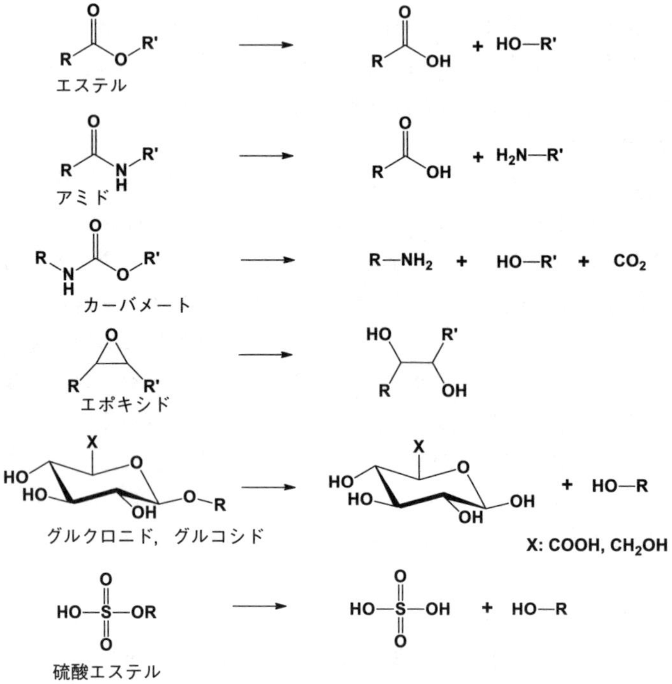

図5.3　加水分解反応の例

b. 酸　化

　酸化的代謝は薬物代謝の主要な経路であり，酵素シトクロム P450 が中心的役割を果たす．シトクロム P450 は種々の細胞内の滑面小胞体に存在するが，哺乳動物では肝細胞に最も豊富に存在し，薬物代謝において肝臓が中心的な役割を果

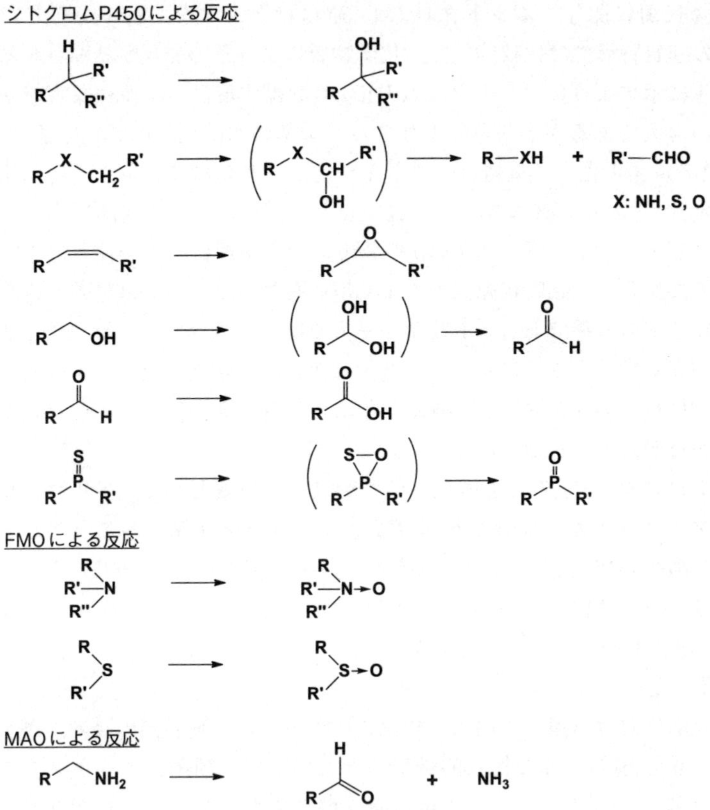

シトクロムP450による反応

図5.4 酸化反応の例

たす一因となっている．シトクロム P450 は基質特異性の異なる数多くの分子種からなる遺伝子スーパーファミリー＊を形成しており，全生物種では 700 種類以上，ヒトでも 50 種類程度の異なる分子種が報告されている．これらの多くはステロイドやプロスタグランジン類等の種々の内因性物質の生合成や代謝に関与し，基質特異性は比較的高い．また，このようなシトクロム P450 は，転写および翻訳レベルでもその発現量が厳密に制御されている場合が多い．一方，哺乳動

＊ P450 の場合，それぞれの分子を P450 であることを示す CYP に続き，ファミリーを示すアラビア数字，サブファミリーを示すアルファベット，さらに分子種を示すアラビア数字の組み合わせで表記する．CYP3A4 は P450 スーパーファミリーのファミリー 3，サブファミリー A の 4 番目の分子種であることを意味する．

物の薬物代謝に関与するシトクロム P450 はほとんどが CYP1 から CYP3 に属し，その基質特異性は比較的低く，化学物質によりその発現が誘導される．

図 5.4 に示すように，シトクロム P450 の触媒する反応は多様な官能基への酸素原子の導入であるが，基質によりアルキル基の水酸化，ヘテロ原子（O, N, S）の脱アルキル化，二重結合のエポキシ化とこれに続く転位，不飽和化（水酸化と脱水），チオリン酸エステルの脱硫など，種々の異なる代謝反応として観察される．ヒトではシトクロム P450 の発現量や分子種に大きな性差はないとされているのに対して，動物代謝試験でよく用いられるラットでは性差がみられる．アルカロイドの一種であるストリキニーネでは，メスラットは解毒代謝活性が低く毒性が高く発現するのに対し，オスでは代謝活性が高いため，毒性発現にはメスより高用量を要する[2]．この例のように，代謝活性の性差が毒性（感受性）の性差につながることが知られている．

シトクロム P450 以外にも酸化反応を触媒する酵素として，アルコール脱水素酵素（アルコールのアルデヒドへの酸化），アルデヒド酸化酵素（アルデヒドのカルボン酸への酸化），フラビン含有モノオキシゲナーゼ（FMO）やモノアミンオキシダーゼ（MAO）がある．FMO は硫黄原子および窒素原子の酸化を，MAO は酸化的脱アミノ反応を触媒する．

c. 還 元

代謝反応における還元の例は，酸化に比べ少ない．哺乳類の腸内，湛水状態の水田の土壌下層のような比較的嫌気的な条件下で，細菌によりキノン，ニトロ基，アゾ基，N-オキシド，カルボニル（ホルミル）基，C-ハロゲン，二重結合等が還元される例が知られている（**図 5.5**）．

d. 抱 合

哺乳類でよくみられる生体内の極性分子を結合させる反応は，第 1 相反応生成物の水酸基，カルボン酸，アミノ基等に対するグルクロン酸，硫酸，アミノ酸（多くの場合グリシン）およびアセチル基による抱合ならびにハロゲン化物やエポキシド等に対するグルタチオン抱合である（**図 5.6**）．グルタチオンは γ-グルタミル-システイニル-グリシンという配列のトリペプチドであり，細胞中に高濃度に（0.5〜10 mM）存在する．植物においては，水酸基等に対しグルクロン酸ではなくグルコースが抱合する例がよくみられる．またマメ科植物では，グルタチオンにかわりホモグルタチオン（γ-グルタミル-システイニル-β-アラニン）抱合が認められることがある．アセチル抱合の場合を除き，抱合体の形成により

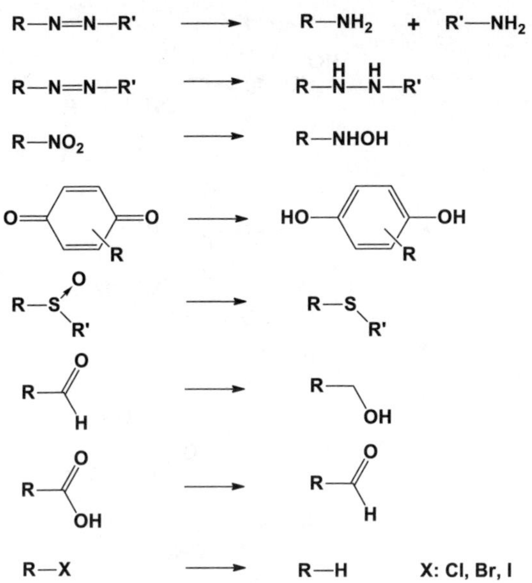

図5.5 還元反応の例

反応生成物の極性（水溶性）は顕著に増加し体外への排泄が容易となる．また多くの場合，化合物の活性・毒性も大きく低下する．アセチル抱合は遊離のアミノ基の反応性を低下させ，それにより化合物の毒性を下げることに寄与している．

グルクロン酸抱合は UDP-グルクロン酸転移酵素（UDP-GT，EC 2.4.1.17）により触媒され，グルクロン酸の供与体として UDP-グルクロン酸が用いられる．硫酸抱合では硫酸基の供与体は PAPS（活性硫酸，3′-phosphoadenosine-5′-phosphosulfate）でアリル硫酸転移酵素（EC 2.8.2.1）が反応を触媒する．アセチル抱合では，アセチル転移酵素（EC 2.3.1.5）の作用によりアセチル CoA のアセチル基が代謝物に導入される．哺乳動物の場合，肝臓で生成したグルクロン酸や硫酸抱合体が胆汁中に分泌され腸管内に排泄された後，微生物等の作用で加水分解（脱抱合）を受け，第1相反応の代謝物が再生する場合がある．この代謝物は腸管から再び吸収され，門脈を経由して肝臓に移行する．この現象を腸-肝循環と呼ぶ．また，**図5.7** に示したようにグルタチオン抱合体はさらに代謝され，メルカプツール酸（N-アセチルシステイン）抱合体となり，CSリアーゼ（EC：4.4.1.13）による切断とメチル化を経て，最終的にチオメチル型（$R-S(O)_n-CH_3$）の代謝物に変換されることもある．

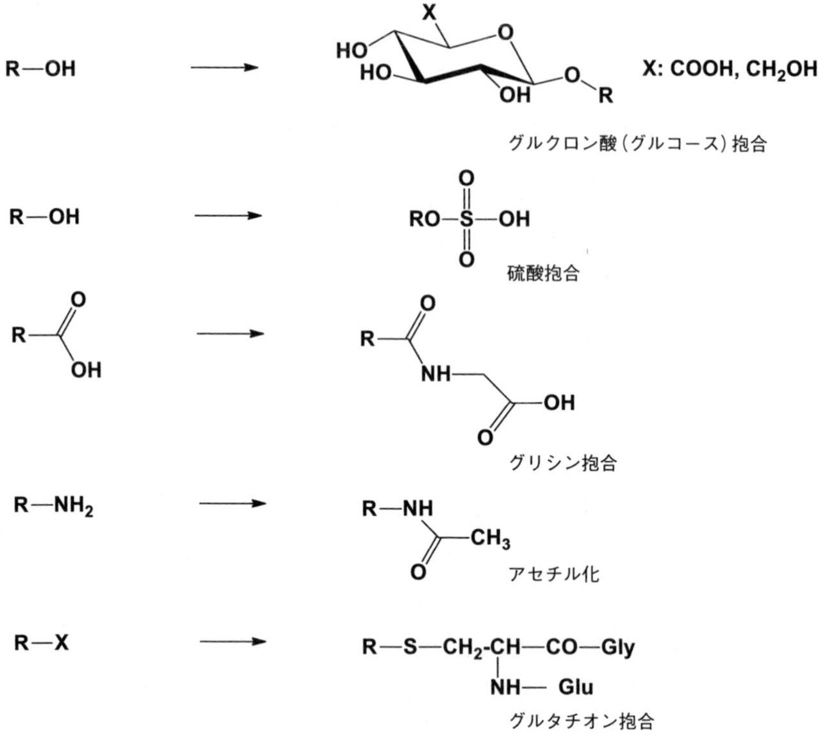

図 5.6 抱合反応の例

5.2.2 非生物的分解反応
a. 光分解
　環境中では非生物的,非酵素的分解も重要である.中でも太陽光による光分解の影響が大きい.地表面には,太陽放射のうちおもに波長 290～400 nm の紫外光,波長 400～800 nm の可視光,波長 800 nm 以上の赤外光が到達している.光は波長が短いほど高エネルギーであるため,到達光でより波長の短い紫外光が物質の光分解に関与する.光分解には,分解を受ける基質自身が光を吸収し,このエネルギーにより電子が励起され,分子内あるいは分子間の反応が起きる直接光分解と,光エネルギーにより酸素分子が励起され,生じた一重項酸素が基質を攻撃することで起こる光酸化がある.前者は,反応を起こすのに十分なエネルギーをもつ短波長域の光を吸収しない基質では起こらない.しかし環境中には,光エ

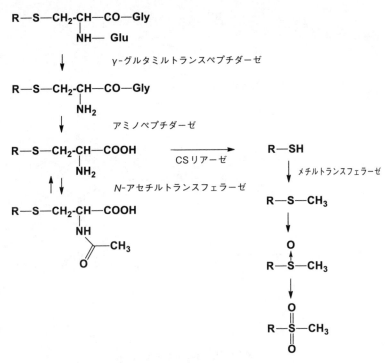

図 5.7 グルタチオン抱合体のさらなる代謝

ネルギーを吸収し励起されるが自身は反応に関与せずエネルギーを他の基質に転移し，その基質の光分解を間接的に促進する（光増感作用と呼ぶ）物質が存在する．典型的な光増感物質としてベンゾフェノンやアセトンがよく知られているが，環境中では腐食酸やクロロフィル等が光増感物質となり農薬の光分解を促進する．このため，農薬の水中における光分解速度を蒸留水中と田面水中で比較すると，田面水中での分解の方が速い場合が多い．

　光によって惹起される代表的化学反応は，異性化（シス-トランス変換），転位，エステル開裂，脱ハロゲン，重合（多量化），脱炭酸等であり，脱 SO 反応なども知られているが（**図5.8**），光の波長，強度，媒質中の光増感物質の有無・種類，基質の吸収波長，酸素の有無等に影響され反応の組み合わせはきわめて複雑なものとなる．

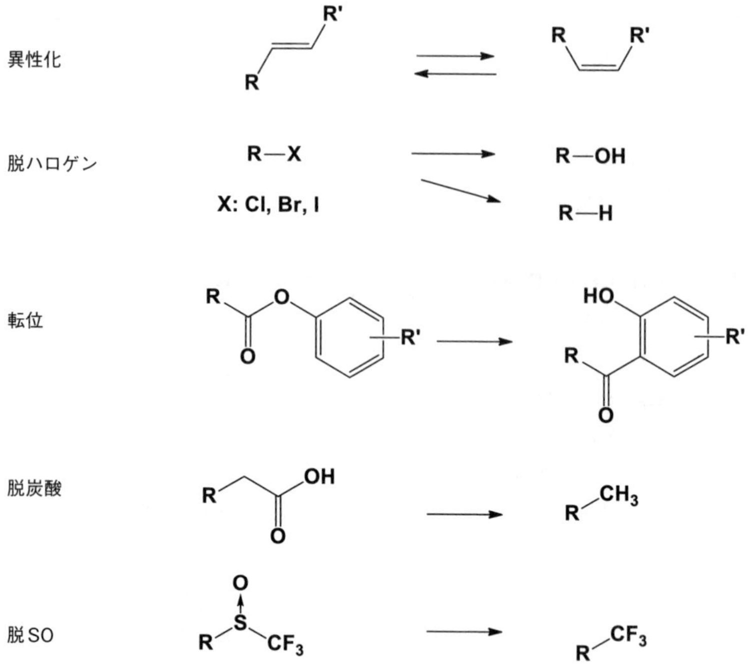

異性化	R-CH=CH-R' (trans) ⇌	R-CH=CH-R' (cis)
脱ハロゲン	R—X (X: Cl, Br, I) →	R—OH, R—H
転位	R-C(=O)-O-C₆H₄-R' →	HO-C₆H₃(R')-C(=O)-R
脱炭酸	R-CH₂-COOH →	R-CH₃
脱SO	R-S(=O)-CF₃ →	R-CF₃

図 5.8 光分解反応の代表例

5.3　代謝・分解にともなう生理活性の変化

5.3.1　解毒・不活性化

　農薬の生理活性はその構造と密接に関係しているため，代謝による構造の変化は当然活性の変化を引きおこす．一般に第1相および第2相反応のような代謝によって化合物の極性が上昇するのにともない，水溶性が上がって体外に排泄されやすくなる．この過程で多くの農薬はその生理活性を失う．

5.3.2　活性化

　農薬の中には，生体内あるいは環境中で代謝・分解を受けることで活性体となり薬効を示すもの（プロドラッグ*）も知られている．例えばチオノ型有機リン

---

*　体内への吸収性・安定性，標的部位への移行性を向上させるために，活性型の化合物に何らかの化学

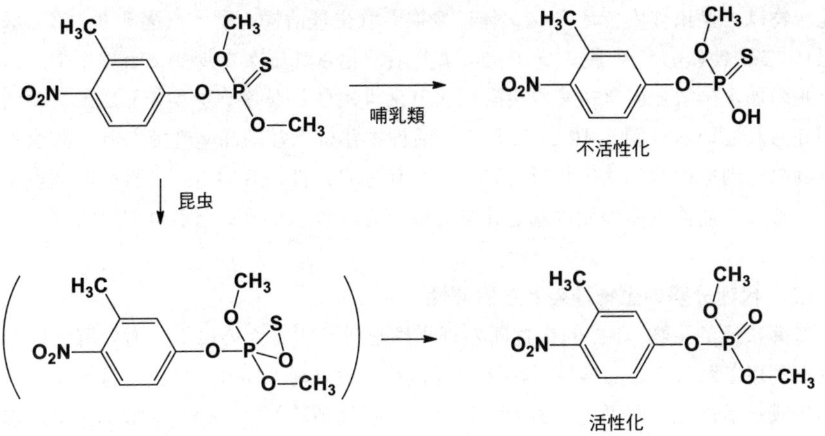

5.3 代謝・分解にともなう生理活性の変化

図 5.9 フェニトロチオンの代謝による不活性化・活性化

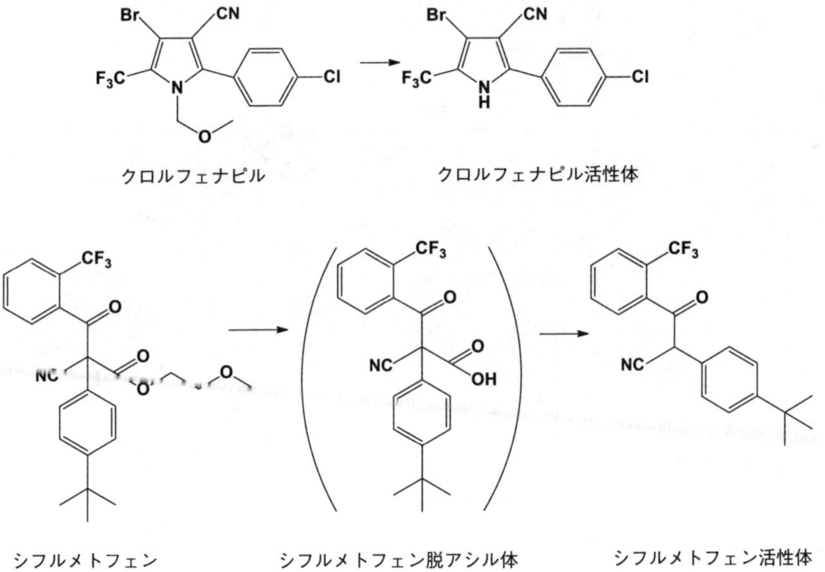

図 5.10 代謝活性化の例

的修飾（カルボン酸のエステル化やアミド化等）を加え，そのままでは生理活性を示さず，代謝・分解後に生理活性を示すよう設計された物質．

化合物は，昆虫体内でオキソン体に変換され生理活性を示す（図5.9，第2章参照）．この他にも，N-脱アシル化により活性化されるクロルフェナピルや，エステルの加水分解と引き続く脱炭酸により活性本体となるシフルメトフェンの例等が知られている（図5.10）．これらの活性本体は比較的高極性であり，防除対象生物の体内や標的部位に移行しにくく，代謝安定性にも劣る．これらの弱点を補うために，活性本体の極性基を化学修飾したプロドラッグとされている．

5.3.3 代謝分解の生物種差と選択毒性

農薬に標的生物-非標的生物間の選択性を付与するために，代謝分解活性の種差が利用されることも多い．例えば有機リン殺虫剤の場合，昆虫ではオキソン体の生成（活性化）が優先するのに対して，哺乳類においてはリン酸エステル加水分解（不活性化）が優先し，これが選択毒性発現のおもな要因となっている（図5.9）．また，毒性の高いカーバメート系殺虫剤カルボフラン（活性本体）を修飾

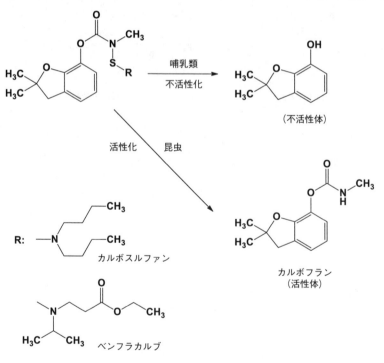

図5.11　カーバメート系殺虫剤の代謝による不活性化・活性化

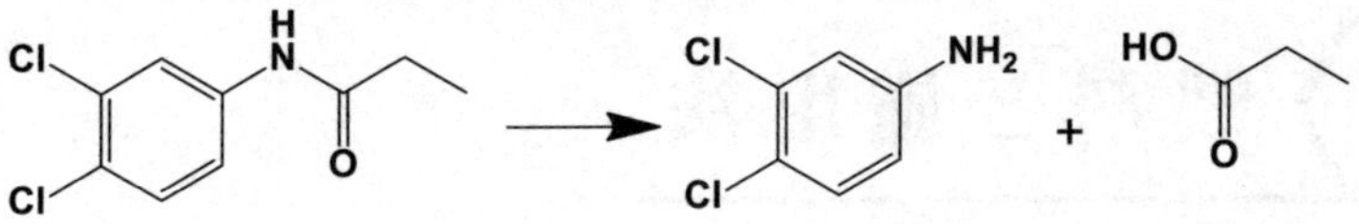

5.3 代謝・分解にともなう生理活性の変化

プロパニル
(除草活性有)

3, 4-DCA
(除草活性無)

図 5.12 プロパニルの加水分解による不活性化

し毒性を軽減したベンフラカルブやカルボスルファンも，類似のメカニズムにより選択毒性を発揮している（**図 5.11**）．さらに，水稲用除草剤プロパニルはイネのアシルアミダーゼによってアミド結合が加水分解され解毒される（**図 5.12**）のに対して，ヒエ（防除対象の雑草）はこの酵素を欠いており，解毒できないために除草剤の作用を受ける．この代謝活性のちがいが，プロパニルのイネ-ヒエ間の選択性の主因となっている（第 4 章参照）．

このように代謝（解毒および活性化）の種差は，しばしば標的生物とヒトを含む非標的生物との間の選択毒性の発現につながっている．代謝により化合物の毒性が強くなる場合もあるが，ある実験動物で認められた毒性がその実験動物に特異的な代謝物に起因するのであれば，ヒトでは同様の毒性は発現しえないと説明できる．さらに代謝物がもとの化合物とは質的に異なる生理活性を示し，思いがけない薬剤の効果がみられることもある．化合物の代謝経路を理解することは，その化合物の生理活性や安全性を理解・議論するためにきわめて重要である．

引用・参考文献
1) Miura, T. et al.: *FEBS Letters*, 231, 183-186 (1988)
2) Kato, R. et al.: *J. Pharmacol.*, 12, 26 33 (1962)

⬡6 製剤と施用法

6.1 農薬製剤の役割

6.1.1 製剤の目的

　殺虫剤，殺菌剤，除草剤などの農薬としての効力を示す有効成分は，ごく微量で効果を発揮するが，例えば 10 a あたり数 g～数百 g の有効成分を水田や畑に均一に散布することは現実的には不可能である．通常そのままでは使用者（農業従事者）は使用することはできない．そこで，有効成分である農薬原体に補助剤や増量剤を加えてさまざまな形（剤型）に加工された，使用者が手にする製品が製剤である．有効成分を製剤化することにより，対象作物などに処理（施用）することができる製品としての「農薬」になる．

　製剤化の主要な目的は，①農薬を使いやすいかたちにする，②農薬の効力を最大限に発揮させる，③使用者への安全性を高め，環境への影響を抑える，④作業性を改善し，省力化する，⑤既存剤の機能性を高め，用途を拡大する，といった点である．

　使用者が農薬として施用しやすく取り扱いやすいかたちにすることが第一の目的であるが，単純に施用できるかたちであればよいわけではない．有効成分の効力を最大限発揮させることが製剤の重要な役割であり，製剤の設計によっては同じ有効成分で効力に差が現れることもある．さらには，使用者への安全性や，生物や環境への影響を最小限に抑えることも製剤の役割として期待される．特に日本では農業従事者の減少，兼業化，高齢化が進んでおり，農薬の施用作業を省力化することは生産性向上の面からも重要である．

　また近年は農薬登録において要求される安全性試験などの項目が増加し，安全性が高くかつ効力が高い新しい有効成分の発見が難しくなっている．新農薬の開発には莫大な時間と経費を要することから，既存の有効成分を用いて，製剤技術で新しい機能を付加したり用途を拡大したりして使用者がより使いやすいかたちにするような試みがなされており，商品寿命管理（product life cycle management) の観点からも製剤の重要性は増している.

6.1.2 医薬との比較

一般的には医薬の製剤がなじみ深いが,製剤の目的や重要性は農薬も医薬と同じである.むしろ農薬は,医薬とは異なる設計が必要であり技術的な要求が高いこともある.医薬は投与されてからヒトの体内で曝露される温度はせいぜい体温の±5℃程度であるが,例えば水田に施用された農薬が曝露される水温は地域や気候によって10～30℃程度と幅があり,さらには太陽光や降雨などの影響もある.閉鎖系の医薬に比べて開放系の農薬の変動要因は多く,変動条件下でも一定の効力を示すような製剤設計が必要となる.加えて,農薬はあくまで農業資材の1つであるため,コストの制約や環境への影響も配慮しなければならない.食料安定供給の観点から農業技術の発展は世界的な課題であり,農業の生産性向上のために必須の農薬にとって,製剤は重要な技術である.

6.2 農薬の施用法

農薬の施用法は,作物の栽培形態や規模によっても異なり,同じ作物でも国(地域)によって防除対象となる病害虫・雑草も異なる.以下では,農薬製剤および施用法について日本の状況を中心に述べる.

農薬の施用法を大別すると,製剤を水で希釈した液体を散布する方法と,粉剤や粒剤のように固体製剤を散布する方法がある.日本では固体散布も多いが,外国は液剤(希釈)散布が主流である.その際,日本では低濃度多水量散布(1000～3000 L/ha)に対して外国では高濃度少水量散布(200～500 L/ha)である.また,経営規模が小さい場合は手動での散布もあるが,大規模経営では機械で散布されることが多い.

施用の対象で分類すると,作物・雑草などの茎葉,土壌,水田のような水面,育苗箱,種子に分けられる.対象物によって薬液や固体製剤の散布だけではなく,種子を薬液に浸漬したり薬剤を粉衣したりする方法や施設栽培での燻煙など,作物の栽培形態に応じた種々の施用法がある.例として,日本の水稲栽培で普及している散布法と剤型を**表6.1**に示す.

表6.1 日本の水稲におけるおもな剤型と施用法[1]

区分	方法	器具	DL粉剤	粒剤	ジャンボ剤	液体製剤
本田施用	背負動噴で畦畔から散布	多孔ホース	○	○		
		直管噴頭		○		
	セット動噴で畦畔から散布	鉄砲ノズル				○
	空中から散布	有人ヘリ		○		○
		無人ヘリ		○		○
	乗用管理機による少水量散布	少量散布装置				○
	側条施用による土壌処理	側条施肥機		○		
	畦畔から投げ込み				○	
	畦畔から原液手散布					○
	水口に施用					○
育苗箱施用	苗上から灌注					○
	苗上から散布			○		
	播種時に覆土または床土に混和	専用処理機		○		
	田植機上で育苗箱に散布	専用処理機		○		
種籾施用	種籾を薬液に浸漬	浸漬槽				○
	種籾に吹きつけ	専用処理機				○
	種籾に粉衣またはコーティング					○

6.3 農薬製剤の種類

6.3.1 各種剤型

農薬製剤の剤型は,農薬取締法に基づく登録上の剤型分類と,製品として開発された多種の剤型がある.表6.2に代表的な剤型を示す.

登録上の剤型分類による日本国内の剤型別生産数量の推移を図6.1に示す.総生産量は1974年の74万7000tをピークに1980年以降大きく減少し,2010年以降は24万t程度で概ね一定となっている.これは,農地面積の減少に加えて剤型の変化によるものである.すなわち,当初は水稲用の粉剤や粒剤が主流を占めていたものの,1980年代に入り剤型の変化,有効成分の高性能化による低薬量化や製剤の小型化によって,単位面積あたりの製剤施用量が減少したことによる.

表 6.2 農薬の代表的な剤型

登録上の剤型 (日本)	製剤の種類	性状	使用法 そのまま散布	希釈して散布
粉剤	粉剤	微粉	○	
	DL 粉剤	微粉	○	
	フローダスト (FD)	微粉	○	
粉粒剤	粉粒剤	微粒～細粒	○	
	微粒剤 F	粗粉～微粒	○	
	微粒剤	微粒	○	
	細粒剤 F	微粒～細粒	○	
粒剤	粒剤	細粒	○	
	1 キロ粒剤	細粒	○	
水和剤	水和剤	微粉		○
	顆粒水和剤 (WG)	微粒～細粒		○
	ドライフロアブル (DF)	微粒～細粒		○
	フロアブル・ゾル	懸濁液体	○	○
	サスポエマルション (SE)	懸濁液体		○
	水和性錠剤	錠形		○
水溶剤	水溶剤	微粉		○
	水溶性錠剤	錠形		○
	顆粒水溶剤	微粒～細粒		○
乳剤	乳剤	澄明液体		○
	エマルション (EW)	懸濁液体		○
液剤	液剤	澄明液体	○	○
油剤	油剤	澄明液体	○	
塗布剤・ペースト	塗布剤・ペースト		○	
燻煙剤・燻蒸剤	燻煙剤・燻蒸剤			
剤 (該当しない)	ジャンボ剤	水溶性パック入り	○	
	少量拡散型粒剤	粒状 (3～8 mm)	○	

a. 粉 剤

粉剤 (dustable powder, DP) は 45 μm 以下の粒子が 95% 以上の粉末状の製剤で (図 6.2), 製剤をそのまま散布機を用いて 10 a あたり 3～4 kg 散布する. 現

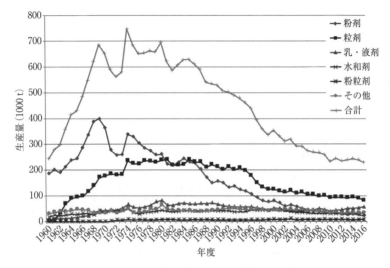

図 6.1 剤型別生産量の推移（文献[2]）より作図）

図 6.2 粉剤（左），粒剤（右）の外観

在は，散布時の飛散（ドリフト）を抑制するため，10 μm 以下の部分を除いた DL（drift-less）粉剤が主流である．安価で水に希釈することなくそのまま散布できることから，水稲用の殺菌剤・殺虫剤を中心にかつては最も生産量が多い剤型であった．しかし，散布時に粉が舞い上がることから，環境や作業者への安全性がより高い剤型へと変遷し，1980 年代以降は減少している．

b. 粒　剤

粒剤（granule, GR）は粒径 300〜1700 μm の粒子を 95％以上含む粒状の製剤であり（図 6.2），水に希釈することなくそのまま散布できるのが特長である．多く

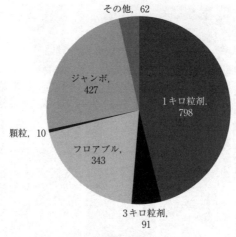

図6.3 水稲用初中期一発除草剤の剤型（文献3)より作図）

は水田や畑作で使われ，現在最も生産量の多い剤型である．水稲用の除草剤は10 aあたり3～4 kgの施用量が主流であったが，1990年代に有効成分の高性能化（低薬量化）および製剤技術の進化により，10 aあたり1 kgのいわゆる「1キロ粒剤」が開発され，現在では初中期一発除草剤の50%近くを占めている（**図6.3**）．近年は，殺虫剤や殺菌剤の育苗箱処理剤として使われることが増えている．

c. 水和剤，顆粒水和剤

水和剤（wettable powder, WP）は園芸用の殺菌剤や殺虫剤によく使われる粉末状の製剤であり，水に希釈して散布する（**図6.4**）．粉末の粒子径は3～10 μm程度であり，水になじみやすく希釈すると懸濁液となる．比較的安価であるが，粉末状のため薬液調製時に粉が舞い上がり作業者への曝露が懸念される．

顆粒水和剤（water dispersible granule, WG）は，水和剤を顆粒状に造粒した製剤である（図6.4）．顆粒状のため，粉の舞い上がりが少なく，流動性がよいことから計量が容易であり，作業者のハンドリングの点ですぐれる．水に投入すると速やかに粒が崩壊して懸濁し，均一な希釈液を得ることができる．

d. 乳剤，液剤

乳剤（emulsifiable concentrate, EC）は，古くからあるシンプルな剤型で澄明な液体状の製剤であり，水に希釈して散布する．水に投入すると白く乳濁（乳化

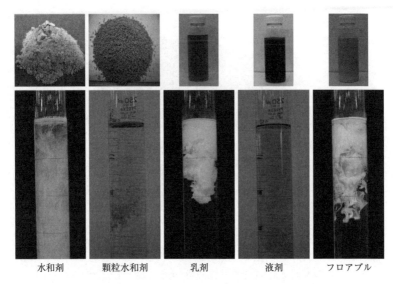

図 6.4 希釈製剤の製剤および希釈時の状態

水和剤　　顆粒水和剤　　乳剤　　液剤　　フロアブル

＝エマルションを形成）することが特徴である（図 6.4）．液体のため計量が容易であり，製造面でも有効成分，乳化剤と有機溶剤を単に混合溶解するだけですみ，コスト面でもすぐれる．しかしながら，キシレンのような石油系芳香族溶剤を使うことが多く，近年は臭気，引火性，安全性の点で水系製剤が志向されることが増えている．

　液剤（soluble concentrate, SL）は，乳剤と同様に澄明な液体状の製剤であるが，水に希釈すると白濁せずに澄明に溶解することが特徴である（図 6.4）．溶剤として水あるいは水溶性の有機溶剤が使われるが，溶解性の点から液剤化できる有効成分には制限がある．

e. **フロアブル，EW，SE**

　フロアブル（flowable, FL あるいは suspension concentrate, SC）はゾルとも呼ばれ，固体の有効成分が水などの溶剤に懸濁した状態の製剤であり，通常は水に希釈して散布する（図 6.4）．有効成分の粒子径は 0.1〜15 μm 程度に調整され，粘性のある液体状の製剤である．

　EW（エマルション製剤，emulsion, oil in water）は，液体または水不溶性溶剤に溶解した有効成分が水に乳化懸濁した状態の製剤である．フロアブルは固体粒

子が懸濁しているのに対して，EW は液体粒子が乳化（懸濁）していることが特徴である．

SE（suspo-emulsion）は，固体粒子の懸濁状態と液体粒子の乳化状態が同一製剤中にあることが特徴であり，フロアブルと EW をあわせた剤型といえる．

有機溶剤をベースとする乳剤に対して，水をベースとするフロアブルのような剤型は安全性などの点で有利だが，コストや有効成分の物理化学性を考慮して剤型が選ばれる．

f. ジャンボ剤，少量拡散型粒剤，原液散布フロアブル

水田用除草剤は，粒剤を散布機を利用して畦畔や水田を歩きながら全面に均一に散布する方法が主流であった．1990 年代に農業従事者の減少や高齢化にともない散布作業の省力化の要望が高まり，水田に入ることなく畦畔から簡単に散布できる剤型・施用法として，ジャンボ剤，少量拡散型粒剤（豆つぶ剤）および原液散布フロアブルが開発された（図 6.5）．これらの剤型は，界面活性剤などの配合によっていずれもすぐれた水中拡散性を有するため，湛水状態の水田において，均一に散布しなくても田面水を分散媒として有効成分を全体に拡がらせることができる．

ジャンボ剤は，発泡入浴剤のような塊型と粒剤を水溶性フィルムに分包したパック型があり，散布作業は 1 個 25～50 g 程度の塊状あるいはパックを 10 a あたり 10～20 個畦畔から投げ入れるだけですむ．現在主流になっている水面浮遊粒剤パック型ジャンボ剤は，水田に投下するとパックが水面に浮き，フィルムが水に溶けて中の粒状物が徐々に崩壊しながら水面を拡がっていく（図 6.6, 6.7）．

少量拡散型粒剤は，粒径 3～8 mm 程度の豆粒状の製剤であり，10 a あたりの施用量が 250 g と少量ですむことが特徴である．浮遊性とすぐれた拡散性を有す

図 6.5　ジャンボ剤（左），少量拡散型粒剤（右）の外観

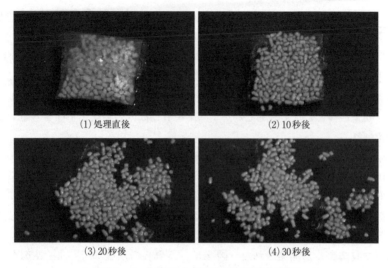

図 6.6 パック型ジャンボ剤が水面で拡散する様子

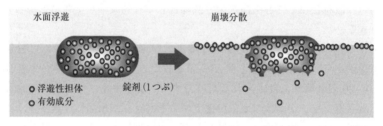

図 6.7 水面浮遊拡展剤の散布後の模式図

ることから、畦畔から不均一に散布しても有効成分が水田全面に拡散する。

原液散布フロアブルは、フロアブルを包装容器から原液のまま散布する製剤である。施用量は10aあたり500mLで、製品の包装容器（ボトル）から直接散布ができるように容器内蓋に直径5mm程度の穴を設けてあり、ボトルを手で振ると適量（1回15mL程度）が吐出する設計となっている（図6.8）。

g. 燻煙剤・燻蒸剤

燻煙剤は、農薬有効成分を加熱により煙霧化して作物に到達させる製剤であり、施設（ハウス）栽培で使用される。

燻蒸剤は、農薬有効成分をガス化して収穫物や土壌に施用する製剤である。燻蒸剤として使える有効成分は、常温で気体あるいは蒸気圧の高い液体に限られる。

図6.8 原液散布フロアブル容器内蓋の形状

6.3.2 剤型の選択

製剤は使用者が手にする製品の形態である．製剤の設計においては，適用作物，適用病害虫・雑草，施用時期，施用法あるいは経済性に応じて，最適な剤型，処方，製造法などが考慮される．さらには，有効成分の物理化学性（性状，溶解性，融点，蒸気圧，安定性など）に応じて，有効成分の効力を最大限発揮できるような剤型，処方が決められている．

6.4 製剤化技術

6.4.1 補助成分

製剤化にあたっては，農薬の有効成分だけでなく補助成分を用いて，いくつかの工程（加工技術）を経て目的の剤型を得る．製剤組成（処方）中で，通常，配合量が最も多いのは安価で不活性な固体担体あるいは液体担体であり，これらは増量剤として位置づけられる．

固体担体としては，粉剤，水和剤，粒剤，顆粒水和剤などの固体製剤においては粉末状あるいは粒状のクレー，タルク，炭酸カルシウム，珪藻土，ベントナイトのような天然鉱物系担体，非晶質二酸化ケイ素，ケイ酸カルシウムのような合成鉱物系担体が広く使われる．

液体担体は，液剤，乳剤，フロアブル，エマルション剤のような液体製剤に使われる溶剤である．水が安全性やコストで最も有利だが，脂肪族や芳香族の炭化水素溶剤，アルコール類，グリコール類，エステル類，含窒素溶剤，植物油，鉱物油などが広く使われる．有効成分（農薬原体）を溶解させる必要がある場合，水よりも有機溶剤の方が有利であるが，臭気，引火性や作物への薬害も考慮する必要がある．

界面活性剤は1つの分子の中に親水性と疎水性（親油性）の部分をもち，界面に作用して性質を変化させる物質であり，それにより水と油のような混じり合わない物質を混ぜ合わせる性質をもつ．水に溶解した際のイオン性から，非イオン性界面活性剤，陰イオン性界面活性剤，陽イオン性界面活性剤および両性界面活性剤に分類される．一般用途では，食器用や衣料品用の洗剤，医薬品，化粧品，食品などに広く使われている．農薬製剤においては，乳化，可溶化，水和，湿展，分散，浸透，崩壊などの機能を付与するために必須の補助成分である．

その他に，製剤物性の調整や製剤加工時の助剤として，結合剤，崩壊分散剤，pH調整剤，消泡剤，比重調整剤，増粘剤，防腐剤などが広く使われている．

農薬に使われる補助剤は，人畜，環境，対象作物に対する安全性，化学物質としての法規制も考慮して選ばれる．農薬登録においては，製剤の安全性試験（急性毒性，刺激性）も要求されており，有効成分と補助成分をあわせて製剤としての使用者への安全が担保される．

6.4.2 加工技術

a. 固体（粉末状）製剤の加工技術

粉剤や水和剤のような粉末状の固体製剤は，有効成分と補助成分を混合，粉砕工程を経て製剤化される．その中でも粉砕は，製剤加工技術において重要な工程である．粉砕の第一の目的は，有効成分の生物効果を発揮するための適切な粒度に調整することである．粉砕により被粉砕物の表面積が増大して水への溶解性が増加し，生物効果が向上する場合もある．第二は適切な製剤の物理化学性を得るためである．水和剤希釈液やフロアブル剤のような懸濁液では，粒子の大きさが懸濁液の安定性（粒子の沈降速度）に影響する．

固体製剤の粉砕は乾式粉砕であり，そのメカニズムからメカノケミカル粉砕とエアミル粉砕に分けられる．メカノケミカル粉砕は，機械的，物理的な衝撃エネルギーによって粉砕する方法であり，粉砕機器としてはハンマーミル，ピンミル

などがある．エアミル粉砕は高速気流のような流体エネルギーで被粉砕物粒子を衝突させて粉砕する方法であり，粉砕機器としてはジェットミルなどがある．粉砕によって得られる粒子径は，メカノケミカル粉砕では $20\,\mu m$ 程度が限度であるのに対して，エアミル粉砕では $3\,\mu m$ 程度まで可能である．

b. 固体（粒状）製剤の加工技術

粒剤，顆粒水和剤のような粒状の固体製剤は，粉体を混合，粉砕した後，造粒工程を経て粒状に成形される．造粒は，粉末状等の原料から適切な大きさ（粒度）の塊，すなわち粒をつくることであり，攪拌混合造粒，転動造粒，押し出し造粒，流動層造粒，噴霧造粒，圧縮造粒，破砕造粒など，さまざまな方法に応じた装置がある．

造粒は農薬だけでなく医薬品や食品にも欠かせない加工技術であるが，日本で農薬用途に広く使われるのは押し出し造粒法である．これは粉体原料に水を加え混練し，スクリュー，ローラーなどで圧力をかけスクリーンやダイ（型）から押し出し，成型，乾燥を経て粒状物とする方法であり，スクリーンの孔径により $0.5\sim 5\,mm$ 程度の円柱状で比較的粒度の均一な粒状物が得られる．装置の形状により縦型（バスケット型），横押し出し型，前押し出し型，ドーム型がある．

他に，粉体を流動させながら結合剤液を噴霧して粉体を凝集造粒させる流動層造粒法，転動造粒法，高温気流中に原料液体（懸濁液）を噴霧し瞬間的に乾燥して粉体とする噴霧造粒法（スプレードライ）などが農薬製剤用途に使われる．

c. 液体製剤の加工技術

液体製剤のうち，固体の有効成分が懸濁したフロアブル製剤は，ビーズミル，コロイドミルなどの装置により湿式粉砕法で製剤化される．ビーズミルは，有効成分，副原料と溶剤（水）の混合懸濁液をガラス，金属，セラミックなどの球状ビーズ（ $0.1\sim 2.0\,mm$ 程度）とともに，ディスク状のような高速攪拌機中で物理的衝撃を与えて微粉砕する装置である．得られる粒径は $1\sim 5\,\mu m$ 程度が一般的であるが，近年は微小（ $0.1\,mm$ 以下）ビーズを用いることでサブミクロン以下まで粉砕できる装置も実用化されている．

6.5 製剤による効果

汎用的な技術による製剤はコストや生産の面で有利であるが，生物効果を増強させるなどの特別な効果を付与するための製剤化技術もある．

6.5.1 展着剤,アジュバント

　農薬の希釈液は,対象の作物や病害虫・雑草などに付着して濡れ拡がることが必要である.希釈液の植物などに対する付着性,浸透性を制御して有効成分の効果を増強する目的で,展着剤(アジュバント)が使用される.散布時に農薬製剤と混合して使用する方法や,あらかじめ農薬製剤中に含有させる方法がある.展着剤としては,液滴の表面張力や接触角を制御する界面活性剤や,葉面のワックスを可溶化する鉱物油,植物油などがあるが,植物の葉面構造やワックスの化学組成は多様であり,有効成分の物理化学性(水溶解度,疎水性)によっても最適な展着剤は異なる.

6.5.2 育苗箱施用粒剤

　水稲の病害虫防除の省力化を目的に,殺虫剤,殺菌剤については本田へ移植する前の育苗箱に粒剤を施用する方法が増えている.育苗箱施用粒剤は,イネの根部から有効成分が吸収され上方移行して本田移植後も効果を発揮することが求められるため,イネに対する薬害回避と長期残効性が必要になる.そこで,粒剤からの有効成分の溶出量を制御する手法として,有効成分を含有する粒剤の表面を非水溶性樹脂(酢酸ビニル,ポリウレタン,ワックスなど)でコーティングする徐放化技術が開発されている.一方,水溶解度が低い有効成分では,微粉砕や溶解性を向上する界面活性剤の添加による溶出促進技術も用いられる.殺虫剤成分と殺菌剤成分の混合剤においては,薬害軽減を目的とした徐放化技術と効果向上を目的とした溶出促進技術の両方が1つの製剤で必要になることがある.その場合,徐放化したい有効成分を含む粒剤の表面に,溶出促進させたい有効成分をコーティングする手法が用いられる.

6.5.3 マイクロカプセル

　マイクロカプセルは直径 $1\sim1000\,\mu\mathrm{m}$ 程度の微小な球体粒子内部に物質を封入したもので(図 6.9),医薬品,食品や一般的な産業分野で使用されている.摩擦熱の温度変化により色が消えるペンも,マイクロカプセル技術を用いている.農薬では残効性付与,臭気のマスキング,散布時の対象外への飛散抑制,毒性軽減などを目的として,おもに MEP,BPMC,ダイアジノン,カズサホス,エトフェンプロックス,クロチアニジンなどの殺虫剤に採用されている.

　マイクロカプセルの調製法には,機械的方法,物理化学的方法,化学的方法が

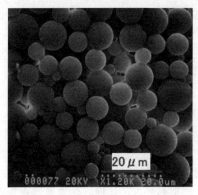

図 6.9　マイクロカプセルの SEM（電子顕微鏡）写真

ある．農薬では，界面重合法や in situ 重合法のような重合反応により，芯物質の周りに樹脂被膜を形成させる化学的方法が使われることが多い．

6.6　製剤と施用法

　農業従事者の減少および高齢化から散布作業の省力化や，圃場外への農薬飛散（ドリフト）防止などを目的とした技術的な要求を受けて，製剤と施用法が密接に関係した技術が開発されている．

6.6.1　ドリフト防止
　ドリフトに関しては，2006 年に施行された農薬登録保留基準に関するポジティブリスト制度が導入され，散布対象作物に近接して栽培される別の作物にドリフトすることで残留基準を超えるリスクが高くなることから，その防止・低減対策が急務となった．ドリフトは，作物の栽培方式，作業方法，圃場の条件（風）などによって影響を受けるが，施用法からは，ドリフト低減型ノズル，ドリフト低減型の果樹用防除機，粉剤のドリフトを低減した微粒剤 F といった技術が開発された．

6.6.2　省力化製剤
　水田施用剤では，ジャンボ剤，少量拡散型粒剤および原液散布フロアブルが省力化製剤として普及している．従来，水田の中にまで入る必要があった作業を，

畦畔から歩きながら散布するだけでよいため，20 a 規模の圃場でもわずか数分の作業に短縮され，省力化への貢献は大きい．

6.6.3 育苗箱処理

水稲の育苗箱処理は，育苗箱の段階で薬剤を施用することから，移植後の本田防除のように水田や畦畔を歩く必要も散布機を使う必要もないため，省力的である．粒剤が主流であるが，薬液をシャワーなどで灌注処理する方法もある．

6.6.4 移植（田植）同時処理

水稲の移植（田植）に使われる田植機は作業者が乗る乗用田植機が主流となり，田植と同時に農薬を処理する装置および田植同時処理に適した薬剤が開発されてきた．田植機の走行速度と連動して粒剤やフロアブルを処理する専用の装置（側条施肥機など）が用いられ，薬剤もイネに対する安全性を付与するため有効成分を徐放化された製剤が用いられることがある．農業の低コスト化，生産性向上が課題となっている中で，さらに高密度播種育苗や疎植のような新しい移植法が機械メーカー主体で開発されている．このような新しい栽培法に対応した製剤や施用法も開発が進んでいる．

6.6.5 種子処理

種子処理は，水和剤やフロアブルを作物の種子に粉衣，塗布処理する方法である．海外ではムギ，トウモロコシ，マメ類でおもに使用され増加傾向にある．日本でもマメ類やムギに使われるが，市場規模はまだ小さい．一方，国内水稲の低コスト化の流れの中で，田植することなく直接圃場に播種する方法（直播栽培）が増加しており，水稲においても種子処理が注目を集めている．

6.6.6 航空防除

広い面積を短時間で効率よく施用する方法として，空中から散布する航空防除がある．日本では，水稲，ムギ，ダイズの病害虫防除における無人ヘリコプターによる液剤あるいは粒剤散布が主流である．産業用マルチローター（ドローン）がさまざまな分野で急速に技術開発が進められており，2016 年からは農薬散布にも適用されている．

6.7　製剤と施用法の今後の動向

　農薬製剤は，単に有効成分を農作物に施用するだけのものから，有効成分の効力最大化，省力化や安全性への配慮が求められるようになり，放出制御や省力化などの製剤技術が実用化されてきた．さらに，必要なときに必要な場所へ必要な量だけ有効成分を送達するというPDS（pesticide delivery system）の概念により，病害虫のような標的に対して選択的に，あるいは温度，pH，光のような環境変動に応じて最適なタイミングで，有効成分を送達する高度な放出制御技術やターゲティング技術が研究されている．

　現在，さまざまな産業で期待されるロボット技術や人工衛星を活用したリモートセンシング技術，クラウドシステム，AI（人工知能）技術のようなICT（情報通信技術）の活用は，農業分野においても例外ではない．超省力・高品質生産を実現するために新たな農業（デジタル農業，スマート農業）の研究がすでに始まっている．例えば，上空から作物や土壌を撮影して画像解析によって生育状況や病害虫・雑草の発生状況を把握し，コンピューターで解析した後，必要な農薬や肥料をロボット化された農機により自動で施用する方法がある．その中で，無人走行トラクターやドローンでの施用に適した農薬製剤や散布機が，農業のありかたを変えるキーテクノロジーとして開発を進められている．

引用・参考文献
1) 藤田俊一：シンポジウム「薬剤施用法を考える」講演要旨，pp.1-8（2017）
2) 日本植物防疫協会：農薬要覧（1965～2016）
3) 農薬工業会ホームページ（http://www.jcpa.or.jp/，2018年8月7日確認）
4) 辻　孝三：日本農薬学会誌，38，205-212（2013）
5) 藤田茂樹：日本農薬学会誌，38，213-217（2013）
6) 特許庁：標準技術集（農薬製剤技術）データベース（2001）
7) 池内利祐：植物防疫，70，811-814（2016）
8) 川島和夫：植物防疫，71，50-55（2017）
9) 秋山正樹：植物防疫，71，353-356（2017）
10) 植田展仁：植物防疫，70，753-758（2016）
11) 宮原佳彦：日本農薬学会誌，38，218-223（2013）

7 農薬とその将来

7.1 抵抗性とその対策

7.1.1 選択性農薬と抵抗性

　前章までで述べたように，現在使用されている農薬の多くは高性能で，対象とする有害生物に高い選択性を発揮する．そのような対象生物と非対象生物の間の選択性は，たいていの場合，生物種間の作用点の構造のちがいか，解毒能力のちがいに基づいている．もし同じ生物種内に同様のちがいがあれば，そのちがいは多かれ少なかれ薬剤に対する感受性の差をもたらす．言い換えれば，防除対象の生物集団の中に何らかの個体差がある限り，ある農薬に対して感受性の低い個体が存在することは避けられず，その差は選択性の高い農薬ほど大きくなる．実際，薬剤のターゲットとなるタンパク質の1つのアミノ酸が置き換わっただけで薬剤に対する感受性が大きく低下する例や，解毒に関わる酵素の発現量の増加によって薬剤が効かなくなる例を，第4, 5章で紹介した．農薬を使用しているうちにその農薬に感受性の低い個体が生き残り，薬剤抵抗性が発達するのは，現代の高選択性農薬の宿命ともいえるのである．

7.1.2 抵抗性の発達

　防除対象となる生物の集団に対して薬剤を散布して防除を行うことは，見方を変えればその集団の中から抵抗性の個体を選抜する行為である．ある薬剤を繰り返して使用することで抵抗性の個体が増えていく様子を図7.1 (1) に模式的に示す．ある薬剤Aに対して感受性の異なる個体で構成される集団にAを処理すると，感受性の低い個体が残る．ここにさらにAを処理するとさらに感受性の低い個体が選抜されることになり，繰り返すことで抵抗性個体の集団がどんどん大きくなっていく．これが薬剤抵抗性の発達である．ここで，防除の強度（薬剤の活性，散布量，散布頻度など）を抵抗性個体の選択を行うためのプレッシャー，すなわち選択圧（あるいは淘汰圧）と呼ぶ．選択圧が高ければ高いほ

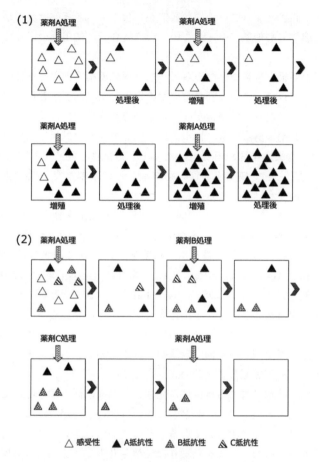

図7.1 抵抗性の発達 (1) とローテーションの効果 (2)

ど,その高い圧力をくぐり抜けてきた個体は強力な抵抗性を身につける.そこで抵抗性の発達を抑制するには,選択圧を上げすぎないように薬剤を使用することが基本となる.

7.1.3 抵抗性対策

ある薬剤を所定量使用しても効果が十分に得られなくなった場合の最も簡単な対処法は,薬剤の使用量を増やすことである.しかし農薬の使用量は,登録の際に「使用基準」で定められており,ある程度以上に増やすことはできない.実

際,抵抗性が問題となっているのは数倍から数十倍(ときには数百から数千倍)の薬量で処理しても効果がみられないという場合で,使用量の増加では対処できない.

ある薬剤が効果を示さないのなら,当然,別の薬剤を使うことになる.ただしここで注意すべきは,この「別の」薬剤の作用機構である.これまでの各章でみてきたように,名前や化学構造が異なる薬剤でも作用機構は同じという場合が多くある.別の薬剤であっても,作用機構が同じであれば効果は期待できない.むしろ結果的に選択圧を高めることになって,抵抗性を強めてしまう可能性もある.抵抗性対策として使用する別の薬剤はもとの薬剤と交差抵抗性(第1章参照)のないものでなければならない.

使用者が知らず知らずのうちに同じ作用機構の薬剤を使うことにならないよう,農薬製造に関わる世界の企業が中心になって設立された国際団体 CropLife International では,殺虫剤,殺菌剤,除草剤それぞれに関する抵抗性対策委員会(Resistance Action Committee, RAC,殺虫剤(insecticide)は IRAC,殺菌剤(fungicide)は FRAC,除草剤(herbicide)は HRAC と称する)を編成し,それぞれが作用機構ごとの分類表を作成して,抵抗性発達を防ぐための啓発活動を展開している.本書では,この分類に基づいて各グループの農薬の作用機構を解説してきた.殺虫剤,殺菌剤,除草剤それぞれの表を巻末にまとめて示しているので,あらためて参照してほしい.

理想的には,薬剤に対する抵抗性が発達して効果が低下するごとに,作用機構の異なる薬剤に置き換えていくことができればよいのだが,現実には使用できる薬剤の作用機構の種類は限られている.そこで一般に用いられる方策は,異なる作用機構をもった複数の薬剤を順繰りに交替させるローテーション使用である.ローテーション使用の有効性を図7.1 (2) に示す.薬剤 A を処理して残った個体に対して,A とは異なる作用機構をもつ B を処理すると生き残るのは一部の B に感受性の低い個体のみである.B を使用している間に,A を使用した際に生き残った A 感受性の個体と,A 抵抗性の個体が交配するチャンスがあり,それによって A に対する感受性が個体群の中に広まることが期待できる(このとき全個体数は B によって低くコントロールされている).この後,さらに作用機構の異なる C → D →…を順次使用し,A を使用してから十分な時間をおくことができれば,選択圧の低下につながり,A を再度使用しても,A に対する抵抗性が発達することはないと考えられる.ローテーションのタイミングとしては,防

除対象生物の一世代ごとに薬剤を切り替えるブロックローテーションが有効とされる．

　薬剤ではなく，栽培する作物のローテーションを行う輪作も，特定の薬剤に対する抵抗性の発達を防ぐために有効である．作物がかわると栽培方法がかわり，使用する薬剤もかわることから，防除対象生物にとって生存環境が変化し，新たな生物間の拮抗関係ができて，特定の個体群のみがまん延するという事態が避けられる．

7.1.4　抵抗性のモニタリング

　前項で，ある薬剤が効かなくなったら，別の薬剤に置き換えるのが抵抗性対策の基本であると述べた．しかしその「効かなくなった」状況はどのように判断すればいいのだろうか．実際に薬剤を散布して効果がなければ，作物は被害を受けてしまう．薬剤を使用する前に，その地域に生息している個体の薬剤に対する感受性がどの程度低下しているか，あるいはどの程度の頻度で抵抗性個体が存在しているのかを知ることが重要となる．

　方法としては，圃場から生物試料を採集してきて，一定の濃度の薬剤を処理し，効果を観察する生物検定が基本となる．虫の場合は，個体に直接処理して起こる反応を観察することで判定が行われる．病原微生物の場合は，薬剤を含む培地上における採集した菌株の生育阻害を観察する．雑草の場合は，地上部を切り取って薬剤を含む水耕液に浸漬し，発根がみられるかどうかで感受性を判定する．ただしこの方法は判定結果が得られるまで時間がかかるので，薬剤の作用点となる酵素の活性を測定する迅速検定法も種々開発されている．いずれも，薬剤の濃度を段階的に変化させて反応を観察することから，一定数の生物個体サンプルが必要であり，方法により判定結果を得るまで数日から2, 3週間の時間がかかる．

　一方近年では，圃場から採集した個体の遺伝子を解析し，それによって抵抗性の発達程度をモニターする方法が用いられるようになっている．遺伝子解析に基づく方法は生物検定に比べて迅速に評価を行うことができ，個体が死んでいても分析できる利点がある．さらには1つの遺伝子サンプルで同時に複数の薬剤に対する抵抗性も評価できる．ただし既知の抵抗性遺伝子に関する情報しか得られないので，新しいタイプの抵抗性が発達したときには検出できないのが難点である．常に個体レベルでの生物検定法と組み合わせて，抵抗性モニタリングを行う

ことが必要となる．

7.1.5 感受性の復活

ある薬剤に対する抵抗性発達を遅らせる基本的な戦略は，その薬剤による選択圧を下げる（具体的には薬剤の使用を控える）ことだとされている．薬剤の使用をやめると，集団の中の抵抗性個体の割合が下がっていく（感受性個体が復活する）という考え方である．例えば，薬剤の作用ターゲットである酵素の遺伝子が変異して酵素と薬剤との結合親和性が低下すると，抵抗性がもたらされる．しかしその変異によって酵素の本来の機能が低下し，生体内の代謝反応の効率が下がってしまうということが起こりうる．酵素に限らず，ターゲットが生命維持に必要なさまざまな生体分子である場合も同様の可能性があり，抵抗性の個体の生存能力は感受性の個体と必ずしも同等ではない．このような遺伝子の変異が個体の生存能力に及ぼす影響を適応コストというが，多少のコストがあっても集団が薬剤で処理されている間は変異によるメリットがコストを上まわって有利に働き，抵抗性の個体が優勢になる．しかし変異による適応コストが大きいと，薬剤の使用をやめて感受性個体と競合する条件下におかれたときに不利に働き，しだいに劣勢になっていく．逆に適応コストがそれほど大きくない場合は，抵抗性個体と感受性個体の生存能力に差がなく，いったん抵抗性が発達すると薬剤の使用をやめてももとに戻ることを期待しにくい．

交配によって次世代をつくる生物では，生き残っていた感受性の個体が抵抗性の個体と交配することで感受性が回復する可能性がある．効率のよい回復のためには感受性個体が一定数残っている必要があるが，そのためにあえて薬剤無処理区を設けることもある．圃場内に高薬量処理で防除を徹底する区画と，薬剤を散布せずに感受性個体を残す区画を並存させる「高薬量/保護区戦略」は，特に害虫の抵抗性管理に有効とされる．

しかし，交配を行わず細胞分裂で次世代をつくる病原微生物では，このような効果が期待しにくい．植物も昆虫のような移動性がないので，抵抗性の雑草がまん延してしまうと，感受性個体と交配する機会が少なくなり回復が難しい．いったんある薬剤に対する抵抗性が発達すると，作用機構の異なる薬剤で対処するのが基本となる．しかし適当な薬剤がない場合は，薬剤以外の手段も使われる．薬剤処理以外の防除手段については7.2節で述べる．

7.1.6 抵抗性対策のための農薬

抵抗性対策には作用機構の異なる薬剤によるローテーション防除が有効である．しかし防除対象によっては，使える薬剤の種類が十分でない場合があり，また今は有効でも抵抗性が発達して十分な効果が得られなくなる危険性もあるので，常に新しい薬剤が求められ，そのための研究開発が欠かせない．

新薬開発の研究で最も重要なのは，従来の薬剤にみられない新しい作用点の探索である．ここまで解説されてきたように，農薬はさまざまなターゲットに働きかけてその作用を表すが，生物が生命を維持し次世代をつくるために用いているであろう膨大な数の化学反応やその調節メカニズムに比べると，現在利用されているターゲットの数や種類はまだ驚くほど限られているといわざるをえない．今後さまざまな生物のゲノム情報が明らかになり，生物種ごとに特徴的な代謝プロセスが解明されることで，新しい作用機構をもった農薬が創製される可能性は十分に期待できる．また殺虫・殺菌・除草剤の分類表にはまだ「作用機構不明」とされているものがある．その解明は，どのような生物の機能が農薬の作用ターゲットになるのかを教えてくれる貴重な情報となり，重要である．

農薬には高い選択性が望まれる．しかし先に述べたように，生物の機能の種間差に基づく高い選択性は，抵抗性発達のリスクと裏腹である場合も多い．新しい農薬を創製する際には，できるだけ抵抗性の発達しにくい分子設計の戦略が求められる．そのヒントを得るために，合成農薬が広く用いられるようになってからの約80年間で長期間使用されている農薬をみてみよう（**表7.1**）．

a. 多作用点型薬剤

表に示されている薬剤のうち抵抗性が出にくいことでよく知られているのは，マンゼブ，クロロタロニルのような多作用点型の殺菌剤（3.3.7項参照）である．作用点が複数あり，そのすべてが変異する可能性はきわめて低いことから感受性が維持されると考えられている．除草剤の2,4-Dも同様に，植物ホルモン活性化合物として植物の体内で複数の作用点をもつと推測される．このように薬剤に複数の作用点をもたせるのは，抵抗性の発達を抑制する上で有効であるといえるだろう．今後，タンパク質の構造情報に基づいて部分的に類似性のある複数の生体分子をターゲットとするような生理活性化合物の設計理論の発展が期待される．一方，より現実的なアプローチとしては，作用機構の異なる複数の薬剤を混用することで，実質的に多作用点型の農薬を作り出すことができる．この場合は薬剤の組み合わせ方とそれぞれの濃度に関する最適化に向けて，さまざまな試

表7.1 使用開始から40年以上使われているおもな農薬

分類	農薬名	使用開始年
殺虫剤	クロルピリフォス	1965
	アセフェート	1971
	デルタメスリン	1978
殺菌剤	マンゼブ	1943
	クロロタロニル	1965
	ベノミル	1968
	チオファネートメチル	1971
	プロベナゾール	1975
	メタラキシル	1977
除草剤	2,4-D	1945
	アトラジン	1957
	パラコート	1962
	グリホサート	1972
	メトラクロール	1975
	ペンディメタリン	1976

行錯誤を重ねていく必要がある．

b. 抵抗性誘導型薬剤

プロベナゾールは，長期間いもち病の防除に使用されてきた殺菌剤である．病原菌に対して直接作用するのでなく，植物に作用して活性化し病原菌を排除させるメカニズムが，抵抗性問題を生じない大きな要因であると考えられる．抵抗性が発達しにくい薬剤の設計にとって重要な示唆を与える例といってよい．

c. 抵抗性獲得による適応能力の変化

除草剤アトラジンは，抵抗性個体の適応力が感受性に比べて劣ることが示されている．アトラジンは，葉緑体の光化学系IIを構成するD1タンパク質に結合して光合成電子伝達を阻害することで，除草作用を示す．D1タンパク質の変異によって植物はアトラジン抵抗性になるが，この変異は植物の生存能力を低下させ，抵抗性個体は圃場では大きく勢力を伸ばさない．結果としてアトラジンは長期間除草剤としての有効性を保っている．さまざまな作物の疫病やべと病の防除に用いられるメタラキシルも，抵抗性個体の出現が頻繁に観察され，リスクは高いといわれながら長い間使用されている．この場合も，抵抗性獲得による適応コストの大きさが抵抗性発達の抑制に関係していると考えられる．このように，薬剤の作用点分子内で変異によって本来の機能が大きく低下するような箇所を見つけ，その部分との相互作用で効果を発揮する薬剤が設計できれば，抵抗性発達リ

スクの低い薬剤が得られる．その実現に向けて，タンパク質など生体分子の構造と機能の関係を予測する技術および作用点に適合する分子の設計技術の向上が望まれる．

d. その他

チオファネートメチルおよびベノミルは，多くの耐性菌が報告されてきたにもかかわらず，依然主要な殺菌剤として重要な位置を占めている．抵抗性獲得にともなう適応コストに加えて，この場合は耐性菌にのみ効果を示す負相関交差耐性薬剤が利用できるのが大きいと考えられる（3.3.5項参照）．同様に，さまざまな抵抗性獲得のメカニズムが明らかになっている有機リン系や合成ピレスロイドのような殺虫剤の中にも，長い間使用されているものがある．詳細な研究により主要なターゲットは明らかにされているが，その他にも未知の副次的な作用点が存在してa項の薬剤のような性質をあわせもつのかもしれない．またペンディメタリンの場合は，抵抗性が劣性形質のためその発達が遅れるという．

グリホサートも使用されるようになってから長い時間が経過しているが，以上の薬剤とは事情が異なる．当初の使い方と大きく変わり，耐性作物と組み合わせることで，広範囲かつ大量に使われるようになった．しかし単一の薬剤を繰り返し用いると抵抗性が発達する典型的な例として，近年，抵抗性の雑草の出現が問題となり，その対策に作用機構の異なる薬剤を用いた防除が必要となっている．

近年では，防除非対象生物や環境に対する安全性を確保するための高い基準が要求され，新薬の開発が難しくなっている．同時に，既存薬剤に対する規制も強化され，使用が制限される例が増えており，このままでは農作物の病害虫・雑草防除に大きな困難を生じかねない．新規薬剤の創製に向けた研究開発力の強化がこれまで以上に求められる一方で，化学農薬に置き換えることのできるさまざまな防除技術の開発も検討されている．この総合的病害虫・雑草管理（IPM）について次節で解説する．

7.2　I P M

7.2.1　IPMとは

20世紀後半に本格的に使用され始めた合成農薬は，農作物の生産性向上にめざましい成果を上げたが，効果を求めて過度に使用した場合や，使用された薬剤の選択性が十分ではなかった場合に，環境や生態系に無視できない副作用をもた

らした.また,同じ薬剤の繰り返し使用により病害虫・雑草が抵抗性を発達させ,その対策のためにも化学農薬に過度に依存しない総合的病害虫・雑草管理(integrated pest management, IPM, しばしば「総合防除」と略される)への転換が提唱されることとなった.

農林水産省の実践指針(2012)によれば,IPMとは,利用可能なすべての防除技術を経済性を考慮しつつ慎重に検討し,病害虫・雑草の発生増加を抑えるための適切な手段を総合的に講じるものであり,これを通じ,人の健康に対するリスクと環境への負荷を軽減,あるいは最小の水準にとどめるものである.また,農業を取り巻く生態系の攪乱を可能な限り抑制することにより,生態系が有する病害虫および雑草抑制機能を可能な限り活用し,安全で消費者に信頼される農作物の安定生産に資するものである.

実践にあたっては ①病害虫・雑草の発生しにくい栽培環境の整備,②防除の必要性とタイミングの判断,③必要と判断された場合の多様な手法による防除,が基本となる.いずれも防除に関するごく当然の考え方で,IPMは特に変わった取り組みではない.①のためには,次項で述べる耕種的な手法に加えて,病害虫のすみかとなる圃場周辺の雑草を除去したり,病原微生物の生育を抑えるよう圃場の水はけや通風をよくしたりすることなどが行われる.②は,病害虫被害を徹底的に防ぐのではなく,経済的に許容できる被害のレベル(経済的被害許容水準)をあらかじめ設定しておき,そのレベル以下に抑えるという考え方である.必要なときにのみ,必要なだけの防除を行うためには,害虫や病害の発生を予測し,発生状況を迅速にモニターする技術が重要である.③については次項で述べる.

7.2.2 IPMで使われる防除技術

a. 耕種的防除

農作物の被害を最小にするためには,病害虫への抵抗性の高い品種を栽培するのが基本となる.また宿主にならない作物を取り入れた輪作は,病害虫の生息密度を下げ,被害を低減することができる.さらに病害虫の活動が活発になる時期をずらして,作物を栽培するのも有効である.

b. 物理的防除

熱や光を利用する.熱を利用する例は,種子に付着した病原微生物を死滅させる温湯処理,土壌中の病害虫を防除する蒸気消毒,夏期に土壌をビニールフィル

ムで被覆し太陽熱で地温を上げる太陽熱消毒，さらに土壌に有機物を混和し被覆，太陽熱加熱することで有機物の酸化を促進し，土壌を還元状態にして病害虫を駆除する土壌還元消毒法などがある．

光の利用例は，まず夜行性の害虫が光に寄ってくる性質を利用した誘蛾灯による誘引捕殺がある．逆にオオタバコガやハスモンヨトウなど夜行性のガは明るいところを避けるので，黄色蛍光灯による照射が行動抑制に有効である．昆虫は人間と異なり近紫外領域の光を認識するので，栽培環境を近紫外線除去フィルムで覆うことで昆虫にとっての暗黒条件を作り出すことができ，被害が低減できる．また圃場に光を反射するシートを設置するとある種の害虫の侵入が抑制できる．

その他，粘着トラップ，果実の害虫被害を防ぐための袋かけ，雑草の発芽・生育を抑制するための土壌の被覆（マルチ）なども物理的防除法である．

c. 生物的防除

害虫の防除には自然界に存在する捕食性あるいは寄生性の天敵や，昆虫に感染する病原微生物・ウイルスが用いられる．生物農薬として商品化されているものを**表7.2**に示す．

バチルス・チューリンゲンシス（*Bacillus thuringiensis*, BT）は，細菌の芽胞を製剤化したものである．BTが作り出す殺虫性の毒素タンパク質がチョウ類害虫の幼虫体内に摂取され，消化管の細胞を破壊することで殺虫活性を示すため，実質的には化学的防除手段に含めた方がよいかもしれない．選択性はきわめて高

表7.2 おもな生物農薬

殺虫剤として用いられる昆虫	おもな対象
スワルスキーカブリダニ	アザミウマ類，コナジラミ類，ダニ類（果樹・野菜）
タイリクヒメハナカメムシ	アザミウマ類（野菜）
チリカブリダニ	ハダニ類（果樹・野菜・花卉）
ミヤコカブリダニ	ハダニ類（野菜・果樹・花卉）
殺虫剤として用いられる微生物	おもな対象
バチルス・チューリンゲンシス	ガ類（野菜・果樹）
ボーベリア・バシアーナ	コナジラミ類，アザミウマ類，アブラムシ類（野菜）
ボーベリア・ブロンイアティ	カミキリ（果樹）
殺菌剤として用いられる微生物	おもな対象
タラロマイセス・フラバス	ばか苗病，苗立枯病（イネ），灰色かび病（野菜）
トリコデルマ・アトロビリデ	いもち病，ごま葉枯病（イネ）
バチルス・ブブチリス水和剤	うどんこ病，灰色かび病（野菜・果樹）
非病原性エルビニア・カロトボーラ	軟腐病（ジャガイモ・野菜）

く，天敵昆虫やクモ類，人畜に対する安全性が高い．海外では遺伝子組換え技術を利用して，BT 毒素タンパク質を体内で生産させることにより耐虫性を付与した作物（トウモロコシ，ワタなど）が開発され，栽培されている．

　天敵に関しては，商品化されたものを用いる以外にも，土着天敵の生育条件を人為的に整備して，活発に活動させるのも有効な手段とされる．病害の抑制には，病原菌と競合して生育することができ，病原性微生物のまん延を防ぐ非病原性の微生物が利用される．雑草防除では，アイガモが利用される．水田に放した鳥が雑草を食べ，土の表面をかき回したりすることで，雑草の生育が抑えられる．近年，人への感染のおそれがある鳥インフルエンザの発生源とならないよう使用者への注意が呼びかけられている．

d. 化学的防除

　殺虫剤，殺菌剤，除草剤が他の技術とともに補完的に用いられる．ただし生物的防除と組み合わせる際には，天敵に影響を与えない選択性薬剤を用いる必要がある．これについては次項で紹介する．

　害虫防除においては，昆虫が個体間の交信に用いているフェロモンも利用される．特に交尾のために雌が体外に分泌し雄を誘引する性フェロモンは，殺虫作用を示さないが，その強い誘引作用により粘着板や殺虫剤を入れたトラップに雄成虫を誘い込み捕殺する方法に応用される（大量誘殺）．この方法は殺虫剤を広く

表7.3　おもなフェロモン剤

農薬名	成分	対象害虫	使用目的
オリフルア	(Z)-8-ドデセニルアセタート (Z)-11-テトラデセニルアセタート (Z)-9-テトラデセニルアセタート	ナシヒメシンクイ リンゴコカクモンハマキ チャノコカクモンハマキ	交信攪乱
トートリルア	10-メチルドデシルアセタート (Z)-9-ドデセニルアセタート 11-ドデセニルアセタート (Z)-11-テトラデセン-1-オール	チャハマキ	交信攪乱
ピーチフルア	(Z)-13-エイコセン-10-オン	モモシンクイガ	交信攪乱
ピリマルア	14-メチル-1-オクタデセン	ナシヒメシンクイ ハマキムシ類 モモシンクイガ モモハモグリガ	交信攪乱
リトルア	(9Z,11E)-9,11-テトラデカジエニルアセタート (9Z,12E)-9,12-テトラデカジエニルアセタート	ハスモンヨトウ	誘引捕殺

散布する必要がないので，効率的で環境影響も小さいという利点がある．また性フェロモンは，圃場に散布することで雄と雌の間の交信を撹乱し，交尾を阻害して次世代の個体発生数を減らすことができる（交信撹乱）．この他，フェロモンをしかけたトラップに害虫を誘引し，捕獲された昆虫の数から周辺地域における生息状況を予想することができる（発生予察）．IPM では，必要なときに必要なだけの防除を行うことが重視されるため，発生予察は重要な技術として位置づけられている．

フェロモンは極微量で特定の昆虫種のみに対して効果を示すが，逆に特定の昆虫にしか使えないという点で使用対象が限定される．また効果が風向きなどの気象条件や周辺の地形の影響を受けやすいため，使用にあたっては注意が必要とされる．現在使用されているおもなフェロモン剤を**表 7.3** に挙げた．

7.2.3　IPM と化学農薬

IPM では，生物的防除の効果を相殺するような化学農薬は使えない．害虫防除に関しては，対象となる害虫も防除に用いられる天敵も同じ昆虫なので（ときには防除対象と天敵が同種の場合もある），使用する薬剤には注意が必要である．一般的に，これまで広く用いられてきた有機リン剤，カーバメート剤，合成ピレスロイド剤は殺虫スペクトルが広く，天敵との併用は難しいといわれる．

薬剤の化学構造から害虫と天敵昆虫の間の選択性を予測するのは困難である．昆虫間の作用のちがいは実験でしかわからないので，それぞれの薬剤で個別に影響を調べておかなければならない．

殺虫剤の天敵に対する安全性に配慮した化学農薬の使用方法としては，①作用選択性の高い薬剤を用いる，②天敵に対する影響が少ない方法で使用する，を挙げることができる．

①の薬剤としては，ブプロフェジンなどのキチン合成阻害剤，クロマフェノゾドなどの昆虫脱皮ホルモン受容体アゴニスト，フルベンジアミドなどのリアノジン受容体モジュレーター，ピメトロジン，フロニカミド，ピリダリルが知られる．ただし，これらがなぜ天敵として用いられる昆虫に対して選択性を示すのかは明らかになっていない．

②としては，前述のフェロモン剤を用いた大量誘殺法がある．黄色に誘引されるオンシツコナジラミの習性を利用したピリプロキシフェンも，類似の使用例である．これらは生物農薬として用いる天敵だけではなく，すべての生物や環境に

対する負荷の少ない使用方法といえる．一方，直接散布すると影響を与える薬剤でも，使用法を工夫することで影響を少なくできる．例えば，有効成分が飛散しない粒剤の形で土壌処理剤として使用することができる薬剤は，根から吸収され作物を加害する昆虫には効果を発揮するが，植食性でない天敵昆虫には影響がない．

微生物農薬にはバチルスなどのバクテリア由来のものと真菌由来のものがあるので，使用する殺菌剤との組み合わせによって注意が必要な場合と，問題なく使用できる場合がある．除草剤に関しては，もともと昆虫や微生物に対する影響は少ないので，基本的に特別な配慮は必要ない．

生物農薬として用いる天敵類に対する影響は，日本植物防疫協会が取りまとめて公表している（ホームページなどを参照されたい）．

7.2.4　IPMの課題

日本では，農林水産省が中心となってIPMの実践を推奨し，さまざまな作物を対象に化学農薬にかわる防除技術をどのように取り入れることができるかが検討されてきた．感受性品種の抵抗性品種への変更や，物理的防除，生物農薬の利用などを取り入れることで，化学農薬の使用回数が減少する例が多数示されている[1]．使用回数の減少は抵抗性発達のリスクと環境への負担を軽減できる点で好ましく，IPMがもたらす大きなメリットである．

その一方で，防除コストが慣行法に比べて増加する傾向が認められ，技術にはまだ改良の余地がある．全般的にさまざまな技術を組み合わせればより好ましい結果が得られるが，実際にはそれだけ防除方法が複雑になって，高度な管理が必要となる．また施設栽培のような限られた範囲の防除では有効だが，生産規模の大きい開放系の圃場では適用が難しくなることも課題である．

化学農薬の欠点を補うための中心的な役割が期待される生物的防除技術は，効果を変動させる要因（圃場面積・気象条件・昆虫密度等）が多く，利用が難しいため，なかなか利用が広がらない．ただし化学農薬に対する抵抗性対策としての有用性は高く，今後の発展に期待がかかる．

IPMの考え方は化学農薬への過度な依存に対する反省から出発したが，さまざまな防除を組み合わせることで最適な防除を目指すもので，必ずしも化学農薬を使わないことを目的とするわけではない．化学農薬は歴史上，病害虫防除に関する省力化に大きく貢献した．化学農薬の副作用を低減するために，代替できる

技術を取り入れ，併用することは重要であるが，そのために多大な労力が必要になるのは必ずしも望ましいことではない．これからも引き続き，防除技術の基幹となる化学農薬の性能を高めていくことが重要である．

7.3 新しい農薬―期待される新しい標的と新農薬の創製

7.3.1 コンピュータを利用した新規化合物の探索法

一般に，農薬は標的とするタンパク質に直接結合することでその機能に影響を与え，作用を示す．しかし，これまでの農薬の開発では，有害生物に個体レベルで影響を与える化合物を選抜し，実用化の可能性がみえてきた後で，その標的タンパク質を特定するという流れが一般的であった．農薬は対象とする生物の体表面から吸収されて標的タンパク質まで到達できる性質をもつことに加えて，雨や太陽光に直接さらされる野外で効果を示す必要がある．したがって，新規農薬の探索においては直接的に有害生物への効果を調べる方法が合理的であったといえる．この方法は数々の有用な農薬を生み出してきたが，標的となるタンパク質の種類としては限られており，生物の体内に存在するタンパク質に比べれば圧倒的に少ない．7.1節で述べたように，現在では限られた標的に対する抵抗性病害虫や雑草が出現し，防除が困難になりつつある．

この行き詰まりを打破するため，最初に標的タンパク質を決め，そのタンパク質の機能を制御できる化合物を選抜するという開発方法が試みられている．この方法では標的とするタンパク質の結晶構造とデジタル化した化合物ライブラリーを用いて，コンピュータ上でタンパク質と化合物のドッキングシミュレーションを行う．これをインシリコ（*in silico*，「コンピュータ内で」の意味）・スクリーニングといい，利点は数百万単位の多数な化合物の試験がきわめて高速に行えることである．タンパク質との高い親和性が予想される化合物が見つかれば，その関連化合物を実際の生物試験に供し，生物試験もタンパク質を用いた分子レベル（*in vitro* 系）で行われることが多い．しかし野外における安定性や生物個体への浸透性等，農薬として必要なすべての因子を計算で最適化することは難しく，標的タンパク質に対して親和性をもつ有望な化合物が見つかっても，農薬として実用化に至った例はまだない．計算機を使った方法は，構造情報が得られている標的タンパク質に作用する化合物の誘導体化や，リード化合物（先導化合物）の最適化（リードオプティマイゼーション）には力を発揮するが，新しい標的に作用

する化合物を見いだし農薬開発に応用するという点ではまだまだ力不足である．
　コンピュータ利用の発展形として，最近ではAIによるディープラーニングを用いた活性化合物の予想も可能になりつつある．しかしこの場合は数多くの教師データを用意する必要があり，どうしても既存標的に関係する結果を用いることになる．そのため前述したインシリコ・スクリーニング同様，これもまだ新しい標的を見いだすことができるようになるまで時間がかかりそうである．今後，インシリコの分子間相互作用のシミュレーションに基づいた分子設計と補完的もしくは協奏的に利用されることで，農薬開発を加速する有力なツールとなることが期待される．

7.3.2　ゲノム情報を利用した新規標的分子の探索

　前項で述べた方法は，標的となる分子が定まっている場合には利用できるが，新規の標的分子そのものの探索には適していない．一方，近年ゲノム科学の進歩が著しく，その成果は新しい標的を見いだすためのさまざまなアプローチを提供している．
　タンパク質の基本構造はそれをコードする遺伝子の塩基配列に基づいている．したがって，その遺伝子を発現できなくしたり，逆に過剰発現させたりすることで，特定のタンパク質がつくられないノックアウト個体や過剰に生産される高発現個体を得ることができ，それにより当該タンパク質が生物にとってどのような役割を果たしているかを知ることができる．さまざまな遺伝子やタンパク質の機能に関する情報は，何よりもまず，ターゲット探索にとっての基本となる．また例えば出芽酵母では，ノックアウトすることで個体が生存できなくなる致死性遺伝子は1000個以上あることが知られている．そのような致死性遺伝子産物であるタンパク質は生命維持にとって必須と考えられるので，その機能はターゲット探索にとって重要な情報を与える．さらに出芽酵母では，「単独の遺伝子の変異では細胞は死に至らないが，そのような遺伝子が複数個，同時に変異することによって，細胞が死に至る関係性」の遺伝子データベースが得られている．もしある化合物がある遺伝子破壊株に致死活性を示した場合，このデータベースと照合することで，化合物の標的を破壊された遺伝子と同時に機能を失うことで致死になる遺伝子産物（タンパク質）に絞ることができ，これをいくつかの遺伝子破壊株で繰り返せば標的の同定も可能となる．このようにして見つかった致死遺伝子や化合物の標的分子の相同遺伝子が対象とする有害生物に存在すれば，その遺伝

子産物は新規薬剤開発のための有望な研究対象となるはずである．

7.3.3 病虫害抵抗性メカニズムの利用

これまで述べてきた方法は，従来型の農薬を新しく見いだすことを目指すものである．一方で，農薬そのものを新しい形に変化させていく方向はないだろうか？　有望な戦略として挙げることができるのが，有害生物の駆除ではなく作物自体の強化を目指すことである．例えばサリチル酸情報伝達を活性化する一連の薬剤は，病害抵抗性活性化剤として知られ，植物に多様な病害に対する抵抗性を与えることができる．これらの化合物の利点は，植物本来の多様な抵抗性機構を活性化するために抵抗性病害菌が出現しにくいことである．先駆けとなったプロベナゾールは，上市されてからすでに40年以上が経過しているが，いまだに生産現場で使用されている．

近年では病害だけでなく，虫害に対する抵抗反応を利用するような薬剤も開発されつつある．例えば植物は虫による食害を受けるとジャスモン酸を発生させ，抵抗性機構を発動する．この機構を利用すれば，ジャスモン酸受容体に作用する薬剤で虫害抵抗性を誘導できる．このタイプの薬剤も直接害虫を標的としていないので，薬剤抵抗性の発達が抑えられる．

病害虫抵抗性メカニズムの活性化は遺伝子操作によっても可能で，組換え作物を作出して利用することも考えられるが，これまでの実験によれば抵抗性機構を常に高めた作物では生育不良等の問題が生じてくる．現時点では，抵抗性機構を一過的に調節できる化合物を利用した方が，生育と防御のバランスをうまく調整できるようである．しかし将来は，遺伝子組換え作物をその遺伝子発現を調節する薬剤と併用することで，防除が必要なタイミングにあわせて抵抗性の強化を微調整することも可能になるであろう．

作物の病害虫に対する抵抗性メカニズムが比較的よく研究されているのに対して，雑草に対する抵抗性，あるいは雑草との競合については情報が乏しい．もし作物が雑草に対して何らかの生育抑制作用をもつなら，それを強化するような方策や化学的な方法は新しい雑草防除の手段を提供するだろう．さらに，雑草が生育できる前に収穫できるように作物の生育を薬剤により促進すること，もしくは雑草が生育できない環境で生育できるようにする薬剤の探索も不可能ではない．実際，育種の分野ではこのような性質を作物にもたせるために新しい遺伝子の探索が行われている．まだそのような性質を示す変異体は見つかっていないが，こ

れまでも遺伝子技術では見いだすことができなかった新しい機能を調節できる化合物を，探索により見つけることができた例は多数ある．チャレンジする価値はあるだろう．

7.3.4 化学農薬は必要か

農薬取締法，第一条の二の第1項において農薬は「薬剤」と書かれているが，第2項で「前項の防除のために利用される天敵は，この法律の適用については，これを農薬とみなす．」とその範囲を広げている．しかし雑草防除のために働く人間は，農薬とみなされていない．また雑草取り用の鎌等の道具も農薬ではない．将来，病害虫や雑草から作物を保護できるロボットができたら，それは農薬であろうか？　以下「新しい農薬」について考えてみたい．

新しい農薬はその性質，対象，利用法の概念等の何かが既存の農薬と比較して新しくなければならない．つまり，現在の農薬で欠点といわれる部分を改良した農薬は「新しい農薬」である．現在の農薬の最大の欠点は，農薬に対する消費者の悪い印象である．消費者は，農薬に毒性がないことよりも，まず農薬が使われないことを望んでいる．つまり，私たちの社会が目指す「新しい農薬」とは，使われない農薬を意味する．これは明らかに矛盾している．

では，社会が目指すのは農薬を使わない農業であろうか．つい100年前までは農業で農薬は使われておらず，第1章で述べたように，農薬がなかった頃は，しばしば病害虫による被害で収穫が減少し飢饉に見舞われていた．現在の農業が立派な衣をまとい護衛隊に囲まれた王様農業だとすると，農薬を使わない農業は裸の王様であろう．実際のところ，自然の中での作物は保護者を失った幼子同様に

●農薬で地球をまもる？●

現在の法律から考えると，ひたすら作物を盗んでいくような宇宙生物（宇宙人も含む）がいたら，その対応のための薬剤や細菌兵器，武器は農薬と呼ばれるかもしれない．映画『シン・ゴジラ』では血液凝固剤が「防除」に使われたが，被害が農作物だけではなかったので，農薬取締法の対象外だろう．ゴジラも地球外から来た生命体も野生生物なので，一方でその保護も考慮されなければならない．被害を与える生物の知性の程度によって，あるときは保護獣，あるときは防除対象生物（農薬登録が必要），またあるときは人類の敵として分別されると考えられる．

生きていくのが難しい.

　食料を生産する農業において作物を保護する技術は不可欠であり，その技術の1つとして農薬が開発された．よりよい技術が開発されれば，必ずしも農薬を使い続ける必要はないだろう．遠い将来には化学物質を使わずに，AIの力を用いた総合防衛システムが開発されるかもしれない．害虫や病原微生物は鋭敏なセンサーで捕らえて微細レーザーで局所的に死滅させる，もしくはスターウォーズの宇宙船のように作物のまわりにシールドをつくって守る，あるいは土壌中の病原微生物はマイクロロボットが土の中を動き回って退治する．こういった夢物語が現実化した例は，いくらでもある．

引用・参考文献
1) 水久保隆之他：IPMマニュアル（梅川學他編），pp.3-28，養賢堂（2005）

付表1 IRAC による殺虫剤の作用機構の分類（2018年）

分類	作用	作用部位	サブグループ	
1	神経作用	アセチルコリンエステラーゼ阻害剤	1A	カーバメート系
			1B	有機リン系
2	神経作用	GABA作動性塩化物イオン（塩素イオン）チャネルブロッカー	2A	環状ジエン有機塩素系
			2B	フェニルピラゾール系
3	神経作用	ナトリウムチャネルモジュレーター	3A	ピレスロイド系
			3B	DDT
4	神経作用	ニコチン性アセチルコリン受容体競合的モジュレーター	4A	ネオニコチノイド系
			4B	ニコチン
			4C	スルホキシイミン系
			4D	ブテノライド系
			4E	メソイオン系
5	神経作用	ニコチン性アセチルコリン受容体アロステリックモジュレーター		
6	神経および筋肉作用	グルタミン酸作動性塩化物イオン（塩素イオン）チャネルアロステリックモジュレーター		
7	生育調節	幼若ホルモン類似剤	7A	幼若ホルモン類縁体
			7B	フェノキシカルブ
			7C	ピリプロキシフェン
8	その他	非特異的（マルチサイト）阻害剤		
9	神経作用	弦音器官 TRPV チャネルモジュレーター	9B	ピリジン アゾメチン誘導体
			9D	ピロペン系
10*1	生育調節	ダニ類成長阻害剤		
11*2	消化管傷害	微生物由来昆虫中腸内膜破壊剤		
12	エネルギー代謝	ミトコンドリア ATP 合成酵素阻害剤		
13	エネルギー代謝	プロトン勾配を攪乱する酸化的リン酸化脱共役剤		
14	神経作用	ニコチン性アセチルコリン受容体チャネルブロッカー		
15	生育調節	キチン生合成阻害剤，タイプ0（ベンゾイルフェニルウレア）		
16	生育調節	キチン生合成阻害剤，タイプ1（ブプロフェジン）		
17	生育調節	脱皮阻害剤 ハエ目昆虫		

付表 1 (つづき)

分類	作用	作用部位	サブグループ
18	生育調節	脱皮ホルモン（エクダイソン）受容体アゴニスト	
19	神経作用	オクトパミン受容体アゴニスト	
20	エネルギー代謝	ミトコンドリア電子伝達系複合体III阻害剤	
21	エネルギー代謝	ミトコンドリア電子伝達系複合体I阻害剤	
22	神経作用	電位依存性ナトリウムチャネルブロッカー	
23	脂質合成，生育調節	アセチル CoA カルボキシラーゼ阻害剤	
24	エネルギー代謝	ミトコンドリア電子伝達系複合体IV阻害剤	
25[*1]	エネルギー代謝	ミトコンドリア電子伝達系複合体II阻害剤	
28	神経および筋肉作用	リアノジン受容体モジュレーター	
29	神経作用	弦音器官モジュレーター 標的部位未特定	
UN	その他	作用機構が不明あるいは未特定	

[*1]：殺ダニ剤は本書では取り扱わなかった．[*2]：7.2.2項c節参照．
農薬工業会ホームページ「農薬情報局：農薬の作用機構分類」より改変して引用．

付表 2　FRAC による作用機構分類（2018 年）

分類	作用機構	サブグループと標的部位
A	核酸合成代謝	A1　RNA ポリメラーゼ I A2　アデノシンデアミナーゼ A3　DNA/RNA 生合成（提案中） A4　DNA トポイソメラーゼ II（ジャイレース）
B	細胞骨格とモータータンパク質	B1　β-チューブリン重合阻害（MBC 殺菌剤） B2　β-チューブリン重合阻害（N-フェニルカーバメート類） B3　β-チューブリン重合阻害（ベンズアミド類/チアゾールカルボキサミド類） B4　細胞分裂（作用点不明） B5　スペクトリン様タンパク質の非局在化 B6　アクチン/ミオシン/フィンブリン機能
C	呼吸	C1　複合体 I：NADH 酸化還元酵素 C2　複合体 II：コハク酸脱水素酵素 C3　複合体 III：シトクロム bc 1（ユビキノール酸化酵素）Qo 部位（$cyt\ b$ 遺伝子） C4　複合体 III：ユビキノン還元酵素 Qi 部位 C5　酸化的リン酸化の脱共役 C6　酸化的リン酸化，ATP 合成酵素の阻害 C7　ATP 輸送（提案中） C8　複合体 III：ユビキノン還元酵素（Qo 部位，スチグマテリン結合サブサイト）
D[*1]	アミノ酸およびタンパク質合成	D1　メチオニン生合成（cgs 遺伝子）（提案中） D2　タンパク質合成（リボソーム翻訳終了段階） D3　タンパク質合成（リボソーム翻訳開始段階：ヘキソピラノシル抗生物質） D4　タンパク質合成（リボソーム翻訳開始段階：グルコピラノシル抗生物質） D5　タンパク質合成（リボソームポリペプチド伸長段階）
E	シグナル伝達	E1　シグナル伝達（作用機構不明） E2　浸透圧シグナル伝達における MAP/ヒスチジンキナーゼ（os-2, $HOG1$） E3　浸透圧シグナル伝達における MAP/ヒスチジンキナーゼ（os-1, $Daf1$）
F	脂質生合成または輸送/細胞膜の構造または機能	F1　以前はジカルボキシイミド類で分類（現在該当する化合物なし．なお，ジカルボキシイミド類は E3 に分類） F2　リン脂質生合成，メチルトランスフェラーゼ F3　細胞の過酸化（提案中） F4　細胞膜透過性，脂肪酸（提案中） F5　以前は CAA 殺菌剤で分類（現在該当する化合物なし．なお，CAA 殺菌剤は H5 に分類） F6　病原菌細胞膜の微生物攪乱（$Bacillus$ 属および産生された殺菌性リポペプチド類）[*2] F7　細胞膜の攪乱（提案中）（植物抽出物）[*2] F8　エルゴステロール結合（放線菌 $Streptomyces\ natalensis$ あるいは $S.\ chattanoogensis$ が産生する両性親媒マクロライド系抗真菌性抗生物質）[*1] F9　脂質恒常性および輸送/貯蔵

付表2 (つづき)

分類	作用機構	サブグループと標的部位
G	細胞膜のステロール生合成	G1 ステロール生合成のC14位のデメチラーゼ（erg11/cyp51） G2 ステロール生合成における Δ^{14} 還元酵素および $\Delta^8 \to \Delta^7$-イソメラーゼの阻害剤 G3 ステロール生合成系のC4位脱メチル化における3-ケト還元酵素（erg27） G4 ステロール生合成系のスクワレンエポキシダーゼ（erg1）
H	細胞壁生合成	H3 以前はグルコピラノシル抗生物質で分類（現在該当する化合物なし） H4 キチン合成酵素 H5 セルロース合成酵素
I	細胞壁のメラニン合成	I1 メラニン生合成の還元酵素 I2 メラニン生合成の脱水酵素 I3 メラニン生合成のポリケタイド合成酵素
P	宿主植物の抵抗性誘導	P1 サリチル酸シグナル伝達（ベンゾチアジアゾールBTH） P2 サリチル酸シグナル伝達（ベンゾイソチアゾール） P3 サリチル酸シグナル伝達（チアジアゾールカルボキサミド） P4 多糖類エリシター（天然物）[*3] P5 アントラキノンエリシター（植物抽出物）[*2] P6 微生物エリシター（微生物）[*2] P7 ホスホナート
M	多作用点接触活性	
U	作用機構不明	
BM	複数の作用機構を有する生物農薬/生物由来の農薬	

[*1]：本書では抗生物質は原則として取り扱わなかった．[*2]：本書では微生物農薬および植物抽出物等は原則として取り扱わなかった．[*3]：本書では天然物質は原則として取り扱わなかった．
農薬工業会ホームページ「農薬情報局：農薬の作用機構分類」より改変して引用．

付表 3 HRAC による作用機構分類（2018 年）

分類	作用機構	サブグループと作用点
A	脂肪酸生合成	アセチル CoA カルボキシラーゼ（ACCase）
B	アミノ酸生合成 （分岐鎖アミノ酸）	アセト乳酸合成酵素（アセトヒドロキシ酸合成酵素ともいう）
C	光合成	C1 光化学系 II（トリアジン, トリアジノン, トリアゾリン, ウラシル, ピリダジノン, フェニルカーバメート） C2 光化学系 II（ウレア, アミド） C3 光化学系 II（ニトリル, ベンゾチアジアゾノン, フェニルピリダジン）
D	光合成	光化学系 I
E	クロロフィル生合成	プロトポルフィリノーゲン酸化酵素
F	白化	F1 フィトエン脱飽和酵素（PDS） F2 4-ヒドロキシフェニルピルビン酸ジオキシゲナーゼ（4-HPPD） F3 カロチノイド生合成（作用点未解明） F4 1-デオキシ-D-キシルロース-5-リン酸合成酵素
G	アミノ酸生合成 （芳香族アミノ酸）	5-エノールピルビルシキミ酸-3-リン酸合成酵素（EPSPS）
H	アミノ酸生合成 （グルタミン）	グルタミン合成酵素（GS）
I	葉酸生合成	ジヒドロプテロイン酸合成酵素（DHPS）
K	有糸分裂・細胞分裂	K1 チューブリン重合 K2 微小管形成 K3 超長鎖脂肪酸合成酵素
L	細胞壁	セルロース合成
M	エネルギー代謝	脱共役
N	脂質合成	A 以外の脂質合成
O	植物ホルモン	オーキシン活性
P	植物ホルモン	オーキシン極性移動
Z	不明	

農薬工業会ホームページ「農薬情報局：農薬の作用機構分類」より改変して引用.

索　引

欧　文

1-デオキシ-D-キシルロース 5-
　リン酸　45, 131
2,4-D　2, 117, 189
2,4-PA　117
3-ケト還元酵素　94
4-ヒドロキシフェニルピルビン
　酸ジオキシゲナーゼ　131
5-エノールピルビルシキミ酸3-
　リン酸合成酵素　119
20-ヒドロキシエクダイソン
　74

ABCタンパク質　12
ADI　21, 29
ARF転写因子　145
ARfD　22
ATP　85, 112, 127
Aux/IAAリプレッサー　145
Bacillus thuringiensis　193
BHC　2, 12, 15, 57
D1タンパク質　128
DCJW　51
DDT　2, 12, 15, 50
DDVP　62
DMI　92
DOXP合成酵素　131
EBI剤　92
EPSPS　119, 124
EU規則1107/2009　15
EW　174
FAD　133, 135
F-box protein　146
FIFRA　15
FMO　160
FRAC　186
Gタンパク質共役型受容体　43
GABA　42
GABAR　57
GAP　21

GluCl　57
Goldman-Hodgkin-Katz（GHK）
　の式　38
GPCR　43
HPPD　131
HRAC　186
IRAC　35, 186
JH　77
knockdown resistant（kdr）　51
LD_{50}　26
MAO　160
MAPキナーゼ　110
MEP経路　46, 139
Met　77
NADPH　104, 127
Na^+/K^+-ATPアーゼ　38
Na^+/K^+-ATPポンプ　38
NOAEL　21
OS-2　110
OSBPファミリー　99
PEC　24
PPO　131
Protein Data Bank（PDB）
　122
PTTH　73
rdl　59
RINタンパク質　147
RyR　69
Saccharopolyspora spinosa　56
SAR　113
SCF複合体　146
SE　175
SH酵素阻害剤　111
SNAP-25　41
SNAP receptor（SNARE）　41
super kdr　51
Taiman　75
TipE　48
TIR1/AFB受容体　145
TRPチャネル　71
TRPVチャネル　71

UDP-グルクロン酸　161
UDP-グルコース　149
UDP-N-アセチルグルコサミ
　ン　79, 100
USP　75
VLCFA　139

αチューブリン　147
βチューブリン　106, 147
γ-アミノ酪酸　43
γ-アミノ酪酸作動性塩素チャネ
　ル　57
γ-アミノ酪酸受容体　42
π-π相互作用　122

ア　行

アゴニスト活性　54
アザディラクチン　82
アシベンゾラル-S-メチル
　114
アジュバント　180
アシルCoA　141
アセチルCoA　96, 105, 112,
　140, 161
アセチルCoAカルボキシラー
　ゼ　139
アセチルコリン　37, 43
アセチルコリンエステラーゼ
　44
アセチルコリン受容体
　ニコチン性――　42, 52
　ムスカリン性――　52
アセチル抱合　161
アセト乳酸合成酵素　119
アセトヒドロキシ酸合成酵素
　119
アセフェート　64
アデニル酸シクラーゼ　43
アトラジン　190
アバメクチン　61
アフィドピロペン　72

アブシジン酸 145
アベルメクチン 61
アミダーゼ 150
アミトラズ 68
アミノピラゾリン 94
アレスリン 46
アレトリン 46
アロステリック 57
安全使用基準 32
アンタゴニスト活性 54
アントラニル酸ジアミド 70

硫黄 112
イオンチャネル型受容体 42
育苗箱施用粒剤 180
育苗箱処理 182
イソチアニル 114
イソプロチオラン 98
イソメ 56
イソラン 66
一重項酵素 162
一般名 4
遺伝子組換え 151
イノシトール三リン酸 43
イベルメクチン 61
イミダクロプリド 52
インシリコ・スクリーニング 197
インドキサカルブ 51

ウルトラスピラクル 75

液剤 174
エクダイソン 74
エステラーゼ 150
エゼリン 66
エタボキサム 108
エチプロール 60
エチレン 147
エトキサゾール 81
エトフェンプロックス 47
エルゴステロール 92
エンドリン 58

オキシステロール結合タンパク質 99
オキシリピン経路 46
オーキシン 144

――の極性輸送 144
オーキシン応答性遺伝子 145
オーキシン受容体 146
オクソン体 65
オリゴデンドロサイト 39
オルソステリック部位 53

カ 行

界面活性剤 178
化学浸透圧理論 85
加水分解 157
家畜・家禽代謝試験 156
家畜残留試験 156
活性酸素 131
活動電位 36
カーバメート 66
顆粒水和剤 173
カルタップ 56
カルプロパミド 105
カルベンダジム 106
カルボジイミド系殺菌剤 108
カロチノイド 135
カロチノイド生合成経路 131
環境動態関連試験 154
還元酵素阻害剤 104
乾式粉砕 178

機械受容体 71
菊酸 44
キチン 79
キチン合成酵素 79
キチン生合成 100
忌避剤 4, 7
キャプタン 111
急性毒性 26
筋小胞体 69

クチクラ層 79
グリア細胞 39
グリホサート 125, 191
グルクロン酸 160
グルコシルトランスフェラーゼ 150
グルタチオン-S-トランスフェラーゼ 64, 150
グルタチオン抱合 92, 150, 160
グルタミン合成酵素 119

グルタミン酸 43
グルタミン酸作動性塩素チャネル 57
クロマフェノジド 76, 195
クロラントラニリプロール 70
クロルジメホルム 68
クロルピリホス 64
クロルフルアズロン 80
クロロタロニル 189
クロロフィル 127, 131
燻煙剤 176
燻蒸剤 176

茎葉処理剤 118
解毒 167
原液散布フロアブル 175
弦音器官 71

光化学系Ⅰ複合体 129
光化学系Ⅱ複合体 127
航空防除 182
光合成 127
交差抵抗性 12, 186
合成ピレスロイド 46, 191
興奮性シナプス後電位 37
興奮伝導 36
高薬量/保護区戦略 188

サ 行

剤型 168
サイパーメトリン 46
細胞体 36
細胞分裂 147
細胞壁 100, 149
サリチル酸 113
酸化的代謝 158
産業用マルチローター 182
残存電流 48

ジアシルグリセロール 43
ジアシルヒドラジン 75
ジアミド 70
シアントラニリプロール 70
ジエトフェンカルブ 107
シキミ酸経路 124
ジクロルボス 62
脂質生合成 99
脂質の過酸化 98

索　引

システインループスーパーファ
　　ミリー　53
シタロン脱水酵素　104
湿式粉砕　179
シトクロム c　85
シトクロム P450　55, 92, 150,
　　155, 158
シトクロム P450 阻害剤　92
シナプス　36
シナプス小胞　40
シナプス伝達　36
シナプトブレビン　41
ジネブ　111
ジヒドロネライストキシン　56
シフルフェナミド　116
ジフルベンゾロン　80
ジメタン　66
ジメトエート　64
ジャスモン酸　199
ジャンボ剤　175
種子処理　182
樹状突起　36
種類名　4
シュワン細胞　39
小胞体　141
少量拡散型粒剤　175
省力化製剤　181
食品安全委員会　21
植物成長調整剤　4
植物ホルモン　144
除草剤抵抗性　151
除虫菊　44
ジョンストン器官　71
シラフルオフェン　47
シロバナムシヨケギク　44
シングルチャネル記録法　48
神経細胞　36
神経終末　36
神経伝達物質　37
シンタキシン　41
浸透圧シグナル伝達　109
浸透圧ストレス　108
浸透移行性　125

髄鞘　39
水素結合　122
水面浮遊拡展剤　176
水和剤　173

スクワレンエポキシダーゼ　95
ストロビルリン系　88
スピノサド　56
スピノシン　56
スペクトリン様タンパク質
　　108
スルホキサフロル　55

静止膜電位　37
生理的選択性　150
セーフナー　150
セルロース　149
セルロース合成酵素　149
セルロース生合成　100
セルロース微繊維　149
前胸腺刺激ホルモン　73
全身獲得抵抗性　113
選択圧　184, 186
選択性除草剤　118

総合防除　192
造粒　179
ゾル　174

タ　行

ダイアジノン　64
耐性作物　118
田植同時処理　182
脱共役剤　90
脱皮ホルモン　73
脱皮ホルモン受容体　75
脱分極　37
脱分極性後電位　48
脱メチル化阻害剤　92

チアゾール　114
チウラム　2
チオシクラム　56
チオファネートメチル　106,
　　191
超長鎖脂肪酸　139
跳躍伝導　39

抵抗性雑草　118
抵抗性対策委員会　186
抵抗性誘導　112
適応コスト　188
テトラメトリン　46

テブフェノジド　76
デルタメトリン　46
テール電流　48
電子伝達　85, 112, 127
電子伝達系酵素　85
転写抑制遺伝子　145
展着剤　4, 180

淘汰圧　184
動物体内運命試験　154
土壌吸着定数　153
土壌処理剤　118
土壌中運命試験　156
トランスポーター　40
トリシクラゾール　104
ドリフト　181
トリフルメゾピリム　55
トルクロホスメチル　98
トルプロカルブ　105
トロポニン　69
トロポミオシン　69
ドローン　182

ナ　行

ニコチン　52
ニチアジン　52
ニッコウマイシン　79
乳剤　173
ニューロン　36

ネオニコチノイド　52
ネライストキシン　56
ネルンストの式　37

農耕地用除草剤　118
農薬登録　14
農薬登録基準　24
農薬登録申請　17
農薬登録制度　17
農薬取締法　3, 12, 14, 15, 201
ノックダウン活性　44

ハ　行

破傷風毒素　41
パッチクランプ法　48
パラチオン　2, 12, 15, 63
ハロフェノジド　76
半数致死量　26

反復興奮 48

ピクロトキシニン 59
微小管 147
ヒスチジンキナーゼ 109
非選択性除草剤 118, 125
非農耕地用除草剤 118
ヒメキサゾール 115
ピメトロジン 71, 195
非メバロン酸経路 46, 139
ピリダリル 195
ピリブチカルブ 95
ピリフルキナゾン 71
ピリプロキシフェン 78, 195
ピレスロイド
 タイプI—— 48
 タイプII—— 48
ピレスロロン 44
ピレトリン 44
ピロラン 66

ファンデルワールス相互作用 122
フィゾスチグミン 66
フィトエン酸不飽和化酵素 131
フィードバック制御 120
フィプロニル 60
フェニトロチオン 64
フェノキシカルブ 78
フェリムゾン 115
フェロモン 4, 7, 194
フェンバレレート 47
フェンピラザミン 94
フェンプロパトリン 48
不応期 39
複合体-I 85
複合体-II 85
複合体-III 85
複合体-IV 85
複合体-V 85
負相関交差耐性薬剤 107, 191
ブプロフェジン 81, 195
プラスチド 124
プラストキノン 128, 135
フラビンアデニンジヌクレオチド 133, 135
フラビン含有モノオキシゲナーゼ 160
プラレトリン 46
フリーラジカル 128
フルオピコリド 108
フルジオキソニル 110
フルスルファミド 116
フルピラジフロン 55
フルベンジアミド 69, 195
フロアブル 174
プロチオホス 64
プロテインキナーゼA 43
プロトポルフィリノーゲンIX 135
プロトポルフィリノーゲン酸化酵素 131
プロドラッグ 56, 68, 164
フロニカミド 71, 195
プロパモカルブ 98
プロベナゾール 113, 190, 199
分岐鎖アミノ酸生合成経路 120
粉砕 178
粉剤 171
分配係数 153

ベノミル 106, 191
ペルメトリン 46
変異育種 151
ペンシクロン 108
ベンスルタップ 56
ベンゾイミダゾール系薬剤 106
ベンゾイルフェニルウレア 80
ベンチアバリカルブイソプロピル 100

芳香族アミノ酸生合成回路 124
補助剤 178
ホスファチジルイノシトール二リン酸 43
ホスホリパーゼ 43
ホスホロチオネート骨格 62
ボツリヌス毒素 41
ボナステロンA 74
ポリオキシン 79
ポリオキシン類 100
ポリケチド合成酵素 105
ボルドー液 2, 111

マ 行

マイクロカプセル 180
マイコトキシン 6
膜電位 37
膜電位依存性カリウムチャネル 38
膜電位依存性カルシウムチャネル 40
膜電位依存性ナトリウムチャネル 38
膜電位固定法 48
マラソン 64
マラチオン 64
マラリア 15
マンゼブ 189
マンネブ 111

ミエリン鞘 39
水溶解度 153
ミトコンドリア 85
ミトコンドリア電子伝達系阻害剤 85
ミルベマイシン 61

無人ヘリコプター 182
無髄神経 39

メタラキシル 190
メチルトランスフェラーゼ 97
メトキシフェノジド 76
メパニピリム 114

モノアミンオキシダーゼ 160
モルフォリン系化合物 94

ヤ 行

薬剤耐性 11

誘引剤 4, 7
有機リン系殺虫剤 2, 12, 62, 191
有糸分裂 147
有髄神経 39
ユビキチンプロテアソーム系 145
ユビキノン 87

幼若ホルモン　73, 77
葉緑体　120, 127

ラ　行

ランビエ絞輪　39

リアノジン受容体　69

リスク管理　21
リスク評価　19
リプレッサー　145
粒剤　172
硫酸抱合　161
緑地用除草剤　118
リン脂質生合成　97

レギュラトリーサイエンス　18
レスメトリン　46

ワ　行

矮化　150